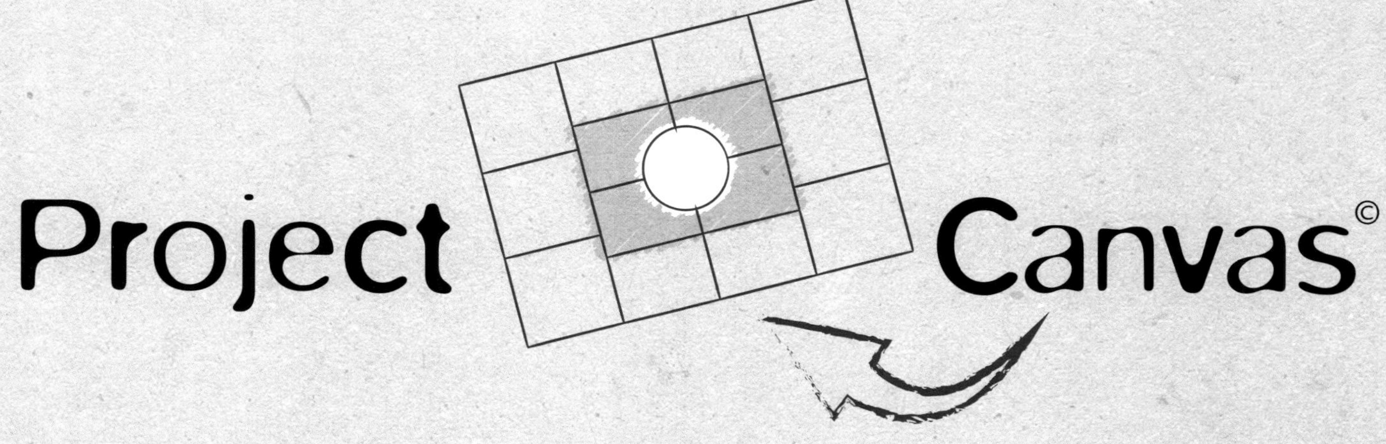
Project
Canvas©

IHR ONLINE-MATERIAL ZUM BUCH

Für den praktischen Einsatz finden Sie als kostenloses Zusatzmaterial im Online-Bereich alle Grafiken aus dem Buch.

SO FUNKTIONIERT IHR ZUGANG

1. Gehen Sie auf das Portal sp-mybook.de und geben Sie den Buchcode ein, um auf die Internetseite zum Buch zu gelangen.
2. Wählen Sie im Online-Bereich das gewünschte Material aus.
3. Oder scannen Sie die QR-Codes mit Ihrem Smartphone oder Tablet, um einzelne Beispiele direkt abzurufen

SP myBook:

www.sp-mybook.de
Buchcode: 4120-canv

Project Canvas

Innovative Methoden für professionelles Projektmanagement

RUDY KOR/JO BOS/THEO VAN DER TAK

Aus dem Niederländischen von Sandra Kötzle

SCHÄFFER
POESCHEL

Bibliografische Information der Deutschen Nationalbibliothek
Die Deutsche Nationalbibliothek verzeichnet diese Publikation in der Deutschen Nationalbibliografie; detaillierte bibliografische Daten sind im Internet über http://dnb.d-nb.de abrufbar.

Gedruckt auf chlorfrei gebleichtem, säurefreiem und alterungsbeständigem Papier.

Print:	ISBN 978-3-7910-4120-9	Bestell-Nr. 10261-0001
ePDF:	ISBN 978-3-7910-4121-6	Bestell-Nr. 10261-0150

www.schaeffer-poeschel.de
service@schaeffer-poeschel.de

Umschlagentwurf: Goldener Westen, Berlin
Umschlaggestaltung: Kienle gestaltet, Stuttgart
Übersetzung: Sandra Kötzle, Berlin
Redaktion und Satz: red.sign GbR, Stuttgart

Printed in Germany

März 2018

Schäffer-Poeschel Verlag Stuttgart
Ein Tochterunternehmen der Haufe Gruppe

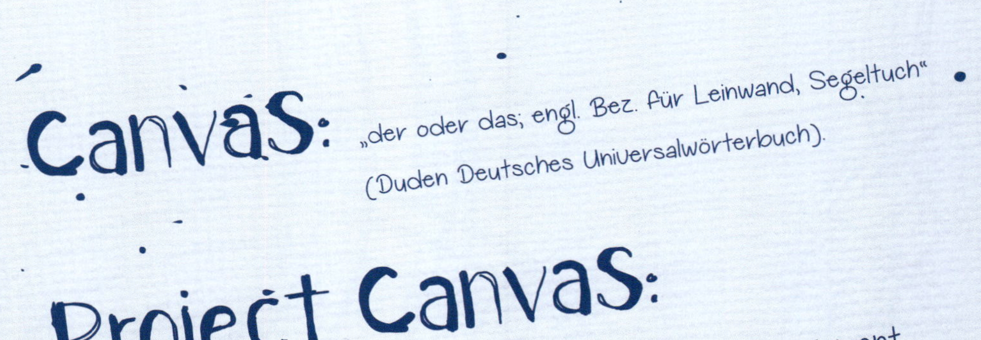

Canvas: „der oder das; engl. Bez. für Leinwand, Segeltuch“ (Duden Deutsches Universalwörterbuch).

Project Canvas:

Innovative Methoden für professionelles Projektmanagement.

Project Canvas in Schlüsselbegriffen:

Interaktion, Co-Kreation, Visualisierung, Motivation, gemeinsame Sprache, offener Dialog, Eigentum und kohärentes Bild.

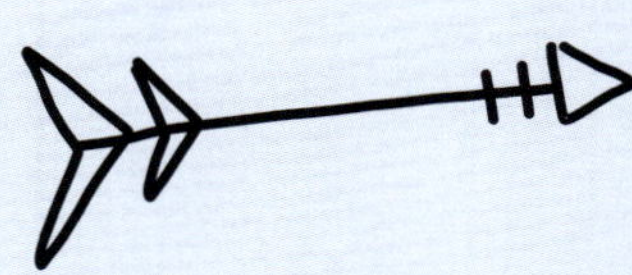

INHALT

EINFÜHRUNG

Dieses Buch haben wir für Menschen geschrieben, die an einem Projekt beteiligt sind und die ein praktisches Hilfsmittel benötigen, mit dem sie das Projekt auf den Weg bringen können. Wir begleiten die Leser durch alle Schritte, die erforderlich sind, um sich ein erstes Bild von ihrem Projekt zu machen.

Das Project Canvas ist ein praktisches Hilfsmittel, mit dem sich schnell und einfach Klarheit über ein Projektvorhaben verschaffen lässt. Ein unbearbeitetes Canvas beinhaltet fünfzehn Themenbereiche – wir bezeichnen sie als Elemente –, die richtungsweisend für den Dialog über das Warum, Was, Wer und Womit des Projekts sind. Ein vollständig ausgefülltes Canvas veranschaulicht den Kern der Aufgabe aus der Perspektive des Projektteams, der Interessenträger und des Projektinitiators.

Im Canvas werden Fragen behandelt wie: Wer ist der Auftraggeber, was ist der Projektinhalt (Hintergrund, Ziele, Problem, Ergebnis, Abgrenzung), wer sind die Interessenträger (z. B. Lieferanten, Betroffene, Interessenten, Benutzer), an welche Rahmenbedingungen ist das Projekt gebunden, welche Vorgehensweise wird verfolgt, wer wird die Arbeit erledigen, welche Hauptrisiken gibt es, wie viel Geld wird es kosten oder einbringen, wie lauten die wichtigsten Qualitätskriterien, wann kann mit dem Projekt begonnen werden und wann ist es abgeschlossen?

Die Antworten auf all diese Fragen werden nicht in einem Stapel Papier versteckt, sondern im Zusammenhang übersichtlich und kompakt auf einem Blatt Papier präsentiert. Es ist das Ergebnis der kreativen Interaktion zwischen Projektleiter, Auftraggeber, Projektteam und Interessenträgern. So bildet das Canvas für den Auftraggeber die Grundlage für die Entscheidung über den Start des Projekts. Wenn der Beschluss gefällt wurde, mit dem Projekt fortzufahren, bildet das Project Canvas die Grundlage für den Projektvertrag, den Projektplan oder die Projektleitdokumentation (Project Initiation Documentation, PID).

Kurz zusammengefasst: Die gemeinsame Erstellung eines Canvas hilft dabei, die Essenz eines Projektvorhabens in einem kreativen Prozess miteinander zu durchleben und sich das Projekt gemeinsam zu eigen zu machen.

WEM BRINGT DIESES BUCH EINEN NUTZEN?

Wir richten uns in erster Linie an alle, die auf irgendeine Art und Weise am Beginn eines Projekts beteiligt sind. Insbesondere Projektmanagern, Projektleitern, Teilprojektleitern und Projektteams bietet das Project Canvas eine praktische Orientierungshilfe. Diese Personen sind in erster Linie für die Gestaltung des Projekts verantwortlich und können dafür mit dem Canvas eine Basis schaffen. Ganz gleich, welchen Ansatz sie verfolgen (Projektbasiertes Arbeiten [Projectmatig Werken], Projektbasiertes Gestalten [Projectmatig Creëren], PRINCE2, Agile, Scrum, PMBOK oder Sonstiges), bei jedem Vorgehensmodell lässt sich das Canvas einsetzen.

Letztlich ist das ausgefüllte Project Canvas für den Projektauftraggeber bestimmt. Denn der Auftraggeber ist die Person, die das Ergebnis des Projektteams für das Erreichen ihrer Ziele benötigt. Für interessierte Auftraggeber ist es relevant, etwas mehr über die Hintergründe des Canvas zu erfahren. Auch für Mitglieder eines eventuell eingesetzten Lenkungsausschusses ist das Canvas ein nützliches Hilfsmittel. Ihnen bietet es einen anschaulichen Überblick über das Projekt.
Zum Schluss sind als Nutznießer des Project Canvas noch Berater und Moderatoren zu erwähnen, die im Rahmen von Projektstart-Workshops, Projektreviews und -Fresh-ups tätig sind. Ihnen bietet es eine Handhabe für einen fruchtbaren Ansatz.

Das Canvas visualisiert auf ansprechende Weise die Grundzüge eines Projekts. Die lockerere Art der Präsentation spricht in jedem Fall diejenigen an, die einen eher lockeren und kreativen Stil mögen.

Vor allem hoffen wir, Menschen zu erreichen, die nach neuen Methoden für den Umgang mit Projekten suchen und einen Beitrag zur Weiterentwicklung dieses Fachs leisten möchten. Das gilt mit Sicherheit für diejenigen, die ein Projekt als gemeinsame Anstrengung von Auftraggeber, Projektleiter und Projektteam betrachten. Denn die Erfahrung hat gelehrt (siehe auch die Dissertation von Teun van Aken), dass es nicht so sehr auf Methoden, Verfahren und Checklisten ankommt. Van Aken stellt die These auf, der Arbeitsstil des Projektleiters sei von entscheidender Bedeutung für den Projekterfolg. Vom Projektleiter wird erwartet, dass er in der Lage ist, aus seinem Projektteam ein gut zusammenarbeitendes und ergebnisorientiertes Team zu machen. Die gemeinsame Erstellung eines Canvas bietet dabei Unterstützung!

WEM BRINGT DIESES BUCH WENIG NUTZEN?

Nicht sehr sinnvoll ist die Anwendung des von uns im Canvas beschriebenen Ansatzes für diejenigen, die alle Aufgaben außerhalb der regulären Arbeit als „Projekt" bezeichnen. Alle, die hauptsächlich an Ad-hoc-Aufgaben beteiligt sind, bei denen das Motto „erst denken, dann handeln" nicht geschätzt wird oder vor allem schnelles und tatkräftiges Handeln zählt, werden kaum davon profitieren, im Vorfeld die im Canvas beschriebenen Schritte zu durchlaufen. Denn solche Aufgaben erfordern keine gründliche methodische Vorgehensweise.

In vielen Organisationen fallen Arbeiten an, die sich nicht einfach in bestehende Routineabläufe einfügen lassen. Allzu oft wird dann auf die Bezeichnung „Projekt" zurückgegriffen. Auch bei Mitarbeitern in „Projekten" dieser Art ist fraglich, ob das Lesen dieses Buches für sie sehr hilfreich ist.
Zum Schluss ist zu erwähnen, dass das Canvas für „Projekte" nicht sehr brauchbar ist, die im Grunde eine auf Ziele ausgerichtete Aufgabe darstellen, wofür die unterschiedlichsten Anstrengungen (darunter Projekte) im Zusammenhang stattfinden sollen. Solche Aufgaben werden als „Programme" bezeichnet. Für Programmbeteiligte wäre es sinnvoller, das Buch *Program Canvas* zu lesen. Einer der Autoren von *Program Canvas*, Björn Prevaas, hat einen wertvollen Beitrag zum vorliegenden Buch geleistet.

Es gibt keine eindeutige Bezeichnung für die Person, die ein Projekt leitet. Häufig verwendete Begriffe sind: Projektleiter, Vorsitzender, Projektmanager, Koordinator, Teilprojektleiter, Projektsekretär oder Projektdirektor. Einige sehen darin Synonyme, für andere sind es Rollen mit unterschiedlichen Schwierigkeitsgraden und unterschiedlichem Gewicht. Im vorliegenden Buch verwenden wir für diese Rolle die Bezeichnung „Projektleiter". Selbstverständlich ist bei Verwendung der männlichen Form in diesem Buch die weibliche Form mit eingeschlossen.

1

Das Project Canvas unterstützt die Visualisierung der Idee

ZUERST ORDNEN WIR DAS PROJECT CANVAS IN DEN LEBENSZYKLUS VON PROJEKTEN EIN. DABEI GEHEN WIR AUF DEN AUFBAU DES CANVAS UND UNSERE INSPIRATIONSQUELLEN BEI DER KONZIPIERUNG DIESES INSTRUMENTS EIN. ZUM SCHLUSS BESCHÄFTIGEN WIR UNS KURZ MIT DEN WESENTLICHEN ASPEKTEN VON PROJEKTEN UND DEN UNTERSCHIEDEN ZWISCHEN PROJEKTARBEIT UND ANDEREN ARBEITSFORMEN.

Es gibt eine ganze Menge Methoden, mit denen sich ein Projekt auf die Beine stellen lässt. Meist ist es nicht leicht, eindeutig anzugeben, wann ein Projekt anfängt. Es beginnt oft mit einer Idee oder einem Problem, dem eine oder mehrere Personen Aufmerksamkeit widmen. Manchmal gibt es bereits einen „Eigentümer" einer Idee oder eines Problems, manchmal ist unklar, wer sich verantwortlich fühlt. Meist wird nebenbei mit der Arbeit begonnen, die nach und nach immer systematischer wird. Charakteristisch für den Beginn sind Improvisation sowie Versuch und Irrtum. Manchmal geht ein Projekt aus einer Strategiesitzung hervor, in der Zukunftschancen notiert wurden, die anschließend methodisch angegangen werden sollen.

Jedenfalls kommt irgendwann ein Punkt, an dem sich weitere Personen damit zu beschäftigen beginnen, an dem es auf die Tagesordnung der Managementbesprechung oder einer anderen Sitzung gesetzt wird. Im Stadium der unzusammenhängenden Notizen und E-Mails entsteht allmählich Verwirrung und es wird ein Hilfsmittel oder Dokument benötigt, womit sich die vorhandenen Ideen ordnen und konkretisieren lassen. In einigen Methoden wird dieses Stadium als Initialisierungsphase bezeichnet, in anderen als Pre-Project- oder Vorprojektphase. Bei manchen Organisationen formuliert der Initiator Ambitionen, Probleme oder das Ziel in einem „Managementauftrag", bei anderen in einem „Projektmandat" oder einer „Projektvereinbarung". Manchmal geht es noch einfacher: In einem Gespräch wird einer Person der Auftrag erteilt, „eine Sache einmal gründlich zu untersuchen" oder „einfach eine Lösung zu finden". Was alle Varianten verbindet, ist die Aufgabengestaltung.

Gefragt ist ein schneller Weg zum Kern

Wir haben immer wieder festgestellt, dass Auftraggeber und Projektmanager Methoden benötigen, mit denen sie schnell zum Kern ihres Projekts gelangen und gemeinsam mit ihrem Projektteam einen attraktiven Text über ihr Projekt verfassen und verbreiten können. Wir beobachten, dass Auftraggeber immer häufiger kompakte Pläne verlangen, weil sie sich oft mit vielen weiteren Projekten beschäftigen müssen und daneben in ihrer Funktion als Vorgesetzte auch andere Probleme zu lösen haben. Mit dem Aufkommen agiler Ansätze sind zunehmend Kürze und Schnelligkeit gefragt.

Diverse Projektmanagementmethoden empfehlen detaillierte Schritte, die Projektleiter absolvieren können, wenn sie Projektpläne verfassen, die Projektorganisation aufbauen, Entscheidungsverfahren festlegen, Fortschrittsberichte bereitstellen, eine Risikoanalyse einbauen und die unterschiedlichsten Dokumente erstellen. Dies führt in der Regel zu vielen Texten, Tabellen und Schaubildern – kurz gesagt: zu einem großen Stapel Papier. Es dauert nicht lange und man sieht vor lauter Bäumen den Wald nicht mehr. Außerdem wirkt das nicht gerade motivierend. Wir sind der Meinung: Das geht auch anders.
Deshalb entwickelten wir das Project Canvas. Es bietet Unterstützung bei der Veranschaulichung der Grundzüge und bei der Beurteilung, ob ein Projekt nötig, nützlich und umsetzbar ist. Es geht um die Grundzüge, weil auf Grundlage des Canvas eine Entscheidung des Auftraggebers über Abbruch oder Fortführung erforderlich ist. Wenn er sich entscheidet, das Projekt abzubrechen, wurde nicht viel unnötige Arbeit in Einzelheiten gesteckt. Möchte er das Projekt fortführen, bildet das ausgearbeitete Canvas eine gute Ausgangsbasis für die Erstellung des Projektvertrags, des Projektplans oder der für den offiziellen Projektstart verwendeten Unterlagen. In solchen Folgedokumenten wird das genaue Vorgehen im Projekt detailliert ausgearbeitet.

Fünf Kernfragen und 15 Elemente

Fünf Kernfragen bilden die Grundlage jedes Projekts und somit auch des Project Canvas. Die Fragen lauten: **WAS**, **WER**, **WIE**, **WORIN** und **WOMIT**? Mit der **WAS**-Frage wird auf den Hintergrund, das Problem oder die Herausforderung, die Ziele, das Ergebnis und die Abgrenzung abgezielt, die wir als Elemente aufgenommen haben. Bei **WER** geht es um Auftraggeber, Interessenträger und das Projektteam. Die **WIE**-Frage umfasst die Elemente Vorgehensweise, Risiken und Abhängigkeiten. Mit der Frage **WORIN** richten wir das Augenmerk auf den Rahmen (die Rahmenbedingungen) und die Qualität. Zum Schluss kommen die Elemente Zeit und Finanzen an die Reihe, wenn wir fragen: **WOMIT**?

Die Antworten auf diese fünf Kernfragen decken zusammen 15 Elemente ab, die in Kapitel 2 erläutert werden.

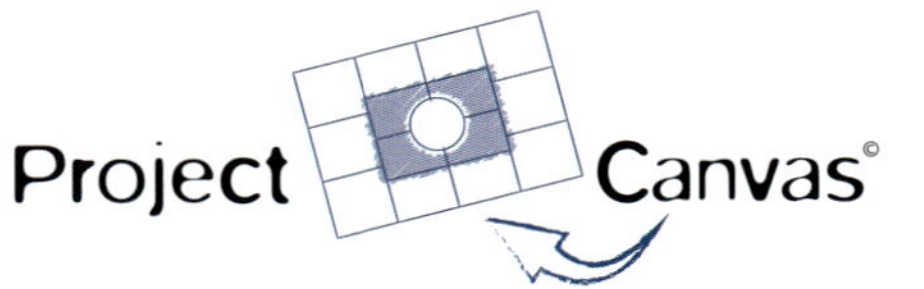

NAME:

DATUM:

AUFTRAGGEBER	RAHMENBEDINGUNGEN	QUALITÄT	VORGEHENSWEISE
INTERESSENTRÄGER	PROBLEM/ HERAUSFORDERUNG	ZIELE	RISIKEN
	ERGEBNIS		
PROJEKTTEAM	HINTERGRUND	ABGRENZUNG	ABHÄNGIGKEITEN
	ZEIT	FINANZEN	

ABBILDUNG 1.1 DAS PROJECT CANVAS

Das Project Canvas unterstützt Projektleiter und Projektteam dabei, dem Auftraggeber, sich gegenseitig als Projektteammitgliedern sowie den Interessenträgern des Projekts die richtigen Fragen zu stellen. In Situationen, in denen das Team nicht weiß, wo es ansetzen soll, gibt das Canvas eine Richtung vor. Außerdem ist es ein praktisches visuelles Hilfsmittel bei der Ordnung und Präsentation der Ergebnisse von Gesprächen über Fragen darüber, was mit dem Projekt beabsichtigt wird und was zum Erreichen des Projektergebnisses zu geschehen hat.

Die eine ideale Vorgehensweise gibt es bei der Erstellung eines Canvas nicht, denn sie hängt, wie wir in Kapitel 3 aufzeigen, von den eigenen Präferenzen ab. Unseres Erachtens ist es am logischsten, in der Mitte bei *Hintergrund, Problem, Ziele, Ergebnis* und *Abgrenzung* zu beginnen. Die Erfahrung lehrt, dass manche Teams das Ganze lieber systematisch der Reihe nach durchgehen, während andere es bevorzugen, schnell die „Felder" auszufüllen und sie danach weiter auszuarbeiten. Wieder andere beginnen einfach irgendwo auf der Grundlage von bereits Bekanntem und arbeiten sich kreuz und quer durch das Canvas.

SCHLÜSSELBEGRIFFE

Interaktion, Co-Kreation, Visualisierung, Kreativität, Motivation, gemeinsame Sprache, Proaktivität, offener Dialog, Eigentum, kohärentes Bild

Inspirationsquellen: das Business Model Canvas und das Program Canvas

Wir haben das Canvas als Management-Hilfsmittel nicht erfunden. Osterwalder und Pigneur beschreiben in *Business Model Generation: Ein Handbuch für Visionäre, Spielveränderer und Herausforderer* das betreffende Modell. Dieses „Canvas" entwickelte sich zu einem international anerkannten Managementmodell. *Business Model Canvas* erwies sich als effektive und originelle Methode für das Nachdenken über Geschäftsmodelle mit Beteiligten. Es erfordert einen offenen Dialog und liefert nach Interaktion ein gemeinsames kohärentes Bild eines Geschäftsmodells. (Das Business Model Canvas ist in Abbildung 1.2 dargestellt.)

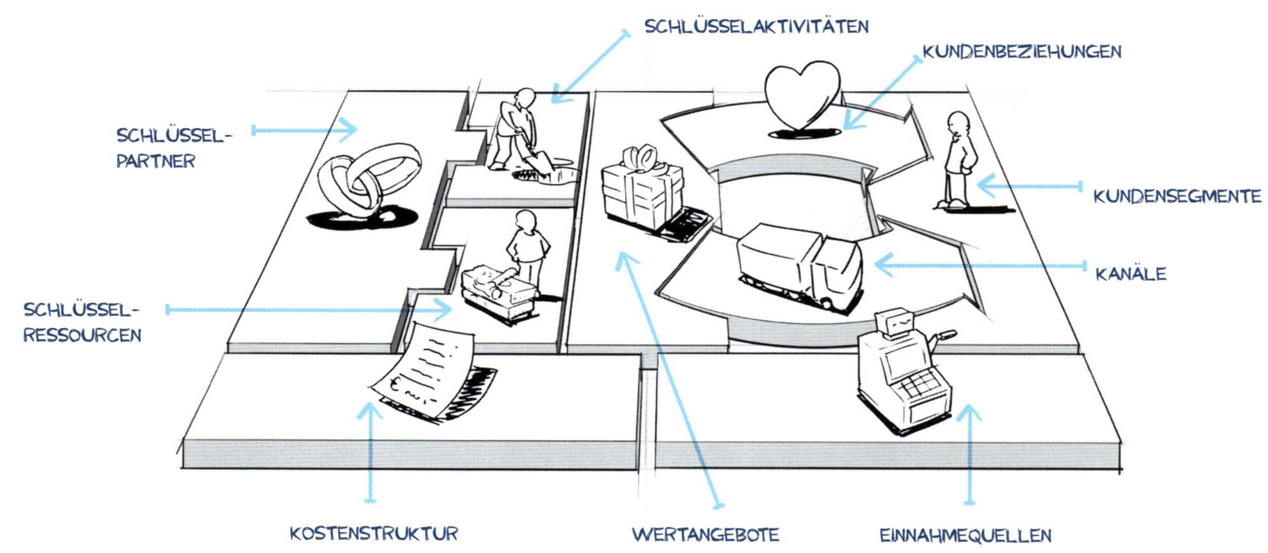

ABBILDUNG 1.2 DAS BUSINESS MODEL CANVAS

Das Buch von Osterwalder u. a. bietet Unterstützung bei der Wahl einer Strategie für die eigene Organisation. Die Methode stellt auch eine gemeinsame Sprache und ein visuelles Hilfsmittel für das Verständnis, die Entwicklung, die Beurteilung und die Erneuerung von Strategien bereit. Diese Arbeitsmethode steckte vor einigen Jahren noch in den Kinderschuhen, kommt aber heute weltweit zunehmend in Organisationen zum Einsatz.

Anfang 2016 erschien das Buch *Program Canvas* der Autoren van der Tak, Prevaas und Cremer. Dieses Buch war für uns bei der Entwicklung des *Project Canvas* eine Inspirationsquelle, weil es auf Grundlage ähnlicher Überlegungen entstand. Projekte sind etwas anderes als Programme und deshalb verwenden wir im Project Canvas Elemente, die sich von denen des Program Canvas unterscheiden. (Das Program Canvas ist in Abbildung 1.3 dargestellt.)

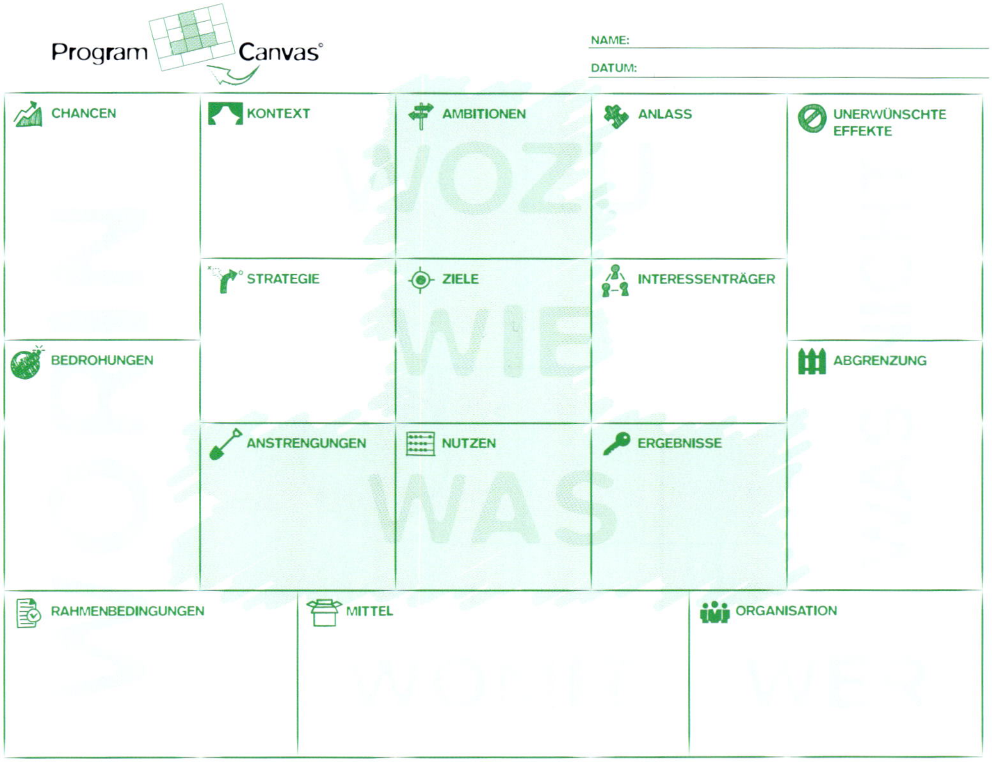

ABBILDUNG 1.3 DAS PROGRAM CANVAS

Das Project Canvas geht dem Projektvertrag voraus

Das erste offizielle Dokument, mit dem der Auftraggeber grünes Licht für das Projekt gibt, bezeichnen wir als Projektvertrag. Synonyme dafür sind die Bezeichnungen Projektplan und Projektleitdokumentation. Wenn man nicht aufpasst, ist schon vieles festgelegt, bevor ein Projektvertrag erstellt werden kann. Dies lädt nicht zu einem guten Gespräch ein. Oft wurde auch schon viel Arbeit geleistet, obwohl in den Grundzügen noch keine Klarheit über Nutzen und Notwendigkeit des Projektvorhabens besteht. Außerdem haben wir festgestellt, dass manche Arten der Aufzeichnung nicht gerade zum Dialog einladen: Mit visuellen Mitteln des Project Canvas gelingt das viel besser: Es ist kompakt, übersichtlich, visuell wirksam und Produkt eines interaktiven Prozesses. Übrigens kann es auch Bestandteil eines Projektvertrags sein und z. B. als dessen Zusammenfassung dienen.

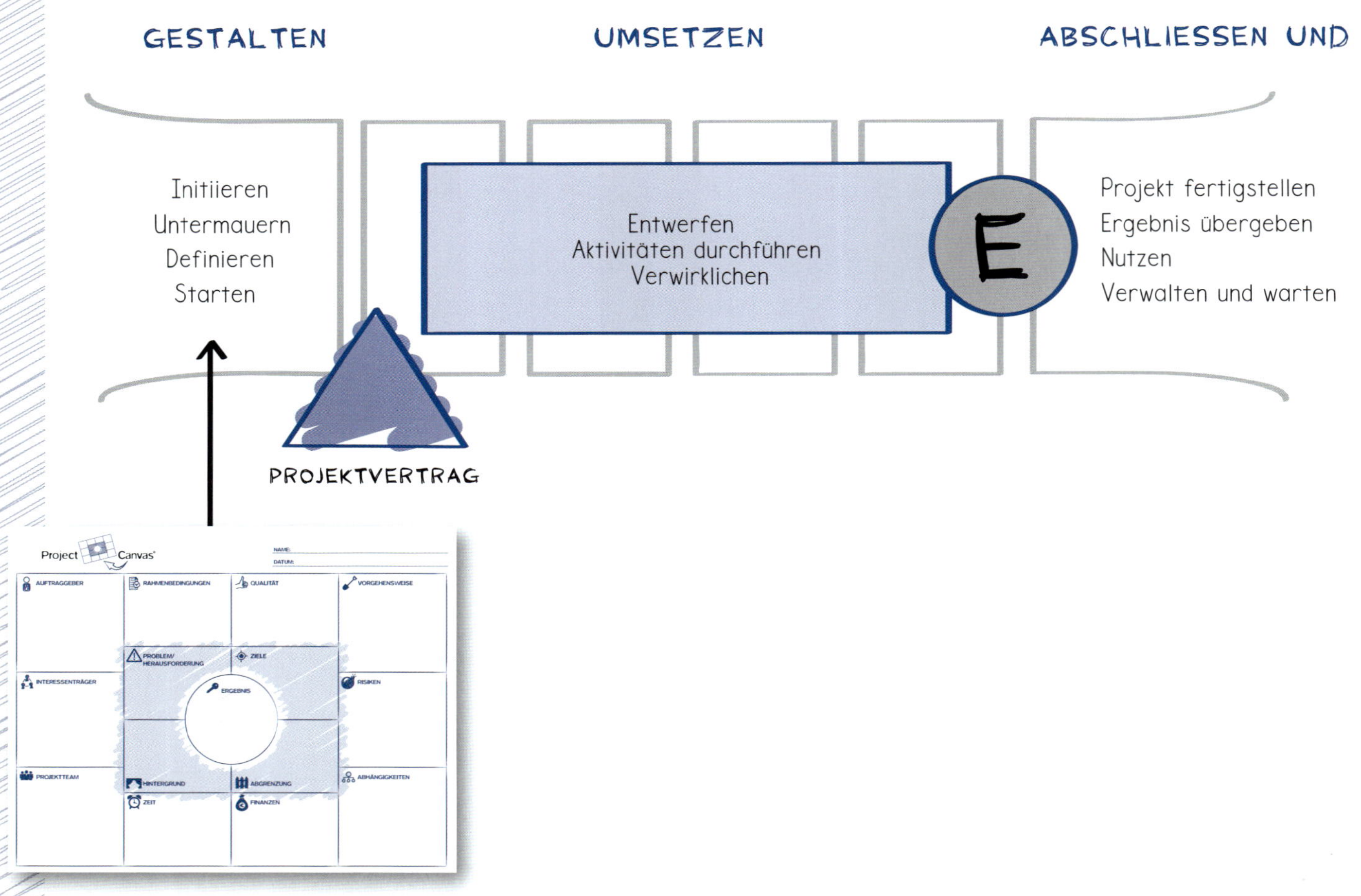

ABBILDUNG 1.4 EINORDNUNG DES PROJECT CANVAS

Was folgt auf ein genehmigtes Canvas?

Wenn der Auftraggeber mit dem Canvas einverstanden ist, kann der Projektvertrag erstellt werden. Darin werden die Themenbereiche weiter und detaillierter ausgearbeitet. Auch der Business Case, der manchmal Teil des Projektvertrags ist, kann beschrieben werden, denn dafür bietet das Canvas eine Grundlage. Im Business Case wird die (finanzielle) Existenzberechtigung oder die geschäftliche Rechtfertigung des Projekts verdeutlicht. Es wird z. B. auf folgende Faktoren eingegangen: die finanziellen Ziele, die Amortisationszeit, das erwartete Marktwachstum, Schätzungen zur Kostenentwicklung und die Konsequenzen der für die Nutzung und Verwaltung des zu liefernden Projektergebnisses erwarteten Kosten. Der Business Case wird bei jedem Phasenübergang sowie bei anderen wichtigen Entscheidungen innerhalb einer Phase wieder herangezogen, um zu prüfen, ob eine Fortführung des Projekts sinnvoll ist. Die Themen Projektvertrag, Projektplan, Projektleitdokumentation und Business Case werden im vorliegenden Buch nicht weiter behandelt, denn dazu sind bereits viele Bücher erschienen.

Projekte erfordern ein anderes Vorgehen als Routineabläufe und Improvisationen

Der Begriff „Projekt“ ist nun schon häufig gefallen. Obwohl schon seit sehr langer Zeit Projekte durchgeführt werden, herrscht bei diesem Begriff in der täglichen Praxis noch immer eine gewisse Sprachverwirrung. Lassen Sie uns deshalb die wesentlichen Aspekte des Projektansatzes als Arbeitsmethode kurz im Überblick darstellen.

Es ist wichtig, dass sich die Beteiligten bewusst machen, wie sie an eine Aufgabe herangehen möchten, damit sie die Steuerungsmethode darauf abstimmen können. Routine und Improvisation sind die beiden Pole einer Skala von Arbeitsformen, mit denen eine Frage oder eine Aufgabe in Angriff genommen werden kann (siehe Abbildung 1.5). Kurz gesagt: Bei dem einen Pol (Improvisation) haben die Beteiligen noch keine Vorstellung vom zu liefernden Ergebnis und der dafür erforderlichen Arbeit. Beim anderen Pol (Routine) sind diese beiden Variablen sogar schon vor Auftragsbeginn bekannt.

EIN **PROJEKT** IST EINE ZEITLICH BEGRENZTE FORM DER ZUSAMMENARBEIT, DIE AUF DIE ERZIELUNG EINES EINMALIGEN ERGEBNISSES AUSGERICHTET IST, DAS ZUM ERREICHEN BESTIMMTER ZIELE BEITRÄGT.

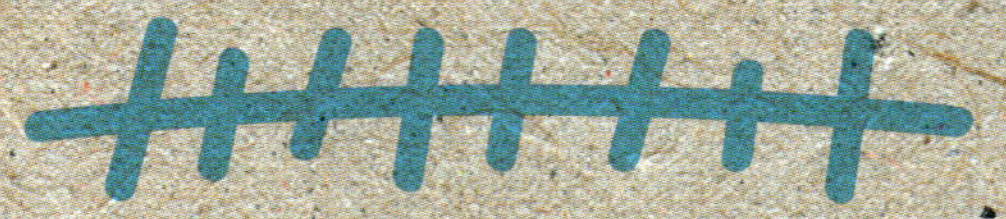

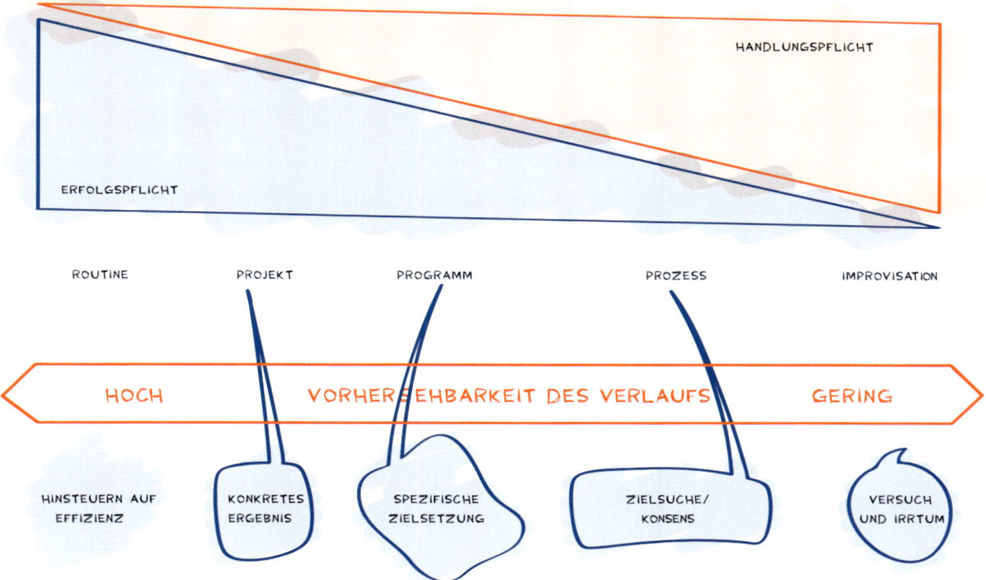

ABBILDUNG 1.5 VERSCHIEDENE HERANGEHENSWEISEN AN EINE AUFGABE

Unter *Improvisation* verstehen wir einen natürlichen, nicht oder kaum von einer zentralen Stelle zu beeinflussenden Vorgang. Beispiele für Tätigkeiten dieser Art sind: Verhandeln, Erfinden, Eingreifen in Notfällen und Soforthilfe bei Störungen. Bei Aufgaben dieser Art ist im Voraus nicht bekannt, welches Ergebnis oder Produkt erzielt werden wird. Außerdem lässt sich nicht im Vorfeld darlegen, welche Tätigkeiten ausgeführt werden müssen und wer wann zur Erledigung dieser Arbeit benötigt wird, geschweige denn, welche Kosten damit verbunden sein werden. Der Vorteil dieser Arbeitsmethode ist ihre Flexibilität. Improvisieren oder Experimentieren verlangen Toleranz gegenüber Fehlern und Misserfolgen. Solche Herangehensweisen können in Organisationen für die nötige Kreativität sorgen. Viele neue Produkte werden eher mittels Improvisation als mit Routine erdacht.

Eine *Routine* ist ein geregelter Ablauf ständig wiederkehrender Tätigkeiten. Das Merkmal einer routinemäßigen Arbeitsweise ist die Wiederholung: Sowohl das Ergebnis (Produkt, Output) als auch der

Weg dorthin (Verfahren, Vorgehensweise) sind vorhersehbar, denn die betreffende Organisation beschäftigt sich damit nicht zum ersten Mal. Einige Beispiele sind Passausstellung, Automobilproduktion, Nierentransplantation usw. Es ist die Welt von Lean Six Sigma und kontinuierlicher Verbesserung.
Routinearbeiten bieten den Vorteil der Effizienz. Sie sind effizient, weil man eingefahrenen Wegen folgt: Die Arbeitsweise ist in Handbüchern festgelegt, in denen Verfahren, Regeln, Vorschriften und Methoden beschrieben sind. Dadurch muss man sich nicht immer wieder von Neuem auf die Aufgabe vorbereiten. Ein routinemäßiges Vorgehen ist naheliegend, wenn häufiger ein bestimmtes Ergebnis für vergleichbare Kunden unter gleichbleibenden Bedingungen und mit gleichen Mitteln erzielt werden soll. Die Stärke dieses Vorgehens besteht darin, dass man nicht ständig über die Arbeitsweise nachdenken und darüber sprechen muss, ob eine Aktivität, ein Produkt oder eine Dienstleistung nötig sind. Doch diese Stärke kann auch zur Schwäche werden. Gewöhnung kann dazu führen, dass Produkte oder Dienstleistungen generiert werden, auf die niemand mehr wartet, die aber trotzdem realisiert werden, „weil wir das eben so machen".

Diese beiden Arbeitsformen lassen sich als Pole einer Skala betrachten (siehe Abbildung 1.5). Die Zwischenform Projekt wird in den nächsten Abschnitten behandelt. In der Mitte der Skala liegt die Arbeitsform Programm. Ein Programm ist eine zeitlich begrenzte Form der Zusammenarbeit, mit der bestimmte Ziele verfolgt werden, die zur Verwirklichung der Strategie der Organisation(en) beitragen. Programme sind auf die Erzielung von Verbesserungen, Veränderungen oder Neuerungen in der Organisation oder im Umfeld (bei Kunden, Bürgern, anderen Organisationen) ausgerichtet. Da Ziele dadurch gekennzeichnet sind, dass sie sich nicht erzwingen lassen und schwer zu planen sind, ist die Vorhersehbarkeit der Erträge bei Programmen wesentlich geringer als bei Projekten. Oft umfasst ein Programm mehrere Projekte.

Noch geringer ist die Vorhersehbarkeit bei Prozessen. Ein Prozess ist eine zeitlich begrenzte Form der Zusammenarbeit, die darauf ausgerichtet ist, einen Konsens zwischen Personen und Parteien zu erreichen. Bei dieser Arbeitsform steht der Konsens über eine Idee im Mittelpunkt. Es geht um das Steuern und Balancieren zwischen Machbarkeit und Akzeptanz. Ein Beispiel dafür sind Verhandlungen.

	ROUTINE	PROJEKT	PROGRAMM	PROZESS	IMPROVISATION
Ausgerichtet auf	Immer wieder die gleichen Aufgaben und Ergebnisse	Erzielung eines Ergebnisses	Erreichen von Zielen	Einen erreichbaren nächsten Schritt, Konsens	Erschaffung von etwas (Schönem), Bewältigung einer Krise
Zeithorizont	Vorab festgelegt	Befristet, vorab festgelegt	Befristet; endet, sobald Ziele erreicht sind	Rechtzeitig, Ende ist nicht vorhersehbar	Unbekannt
Beschlussfassung	Gemäß bestehen-den Verfahren	Bei den einzelnen Phasenübergängen anhand Entschei-dungsvorlagen	Zu vereinbarten Zeitpunkten anhand Programm- und Phasenplänen	Ad hoc	Während des Ablaufs wahr-nehmbar und festlegbar
Beispiel	Ausgabe von Pässen, Erteilung von Genehmigungen	Aufbau eines Infor-mationssystems	Steigerung der Kundenorientierung in einer Organisa-tion	Verhandlungen über Kooperation zwischen Organisa-tionen	Erfinden

ABBILDUNG 1.6 ÜBERSICHT ÜBER VERSCHIEDENE FORMEN DER ZUSAMMENARBEIT

Projekte beinhalten viele neue Elemente

Mit Projekten erzielt man ein Ergebnis, stellt ein für die Beteiligten neuartiges Produkt her, beispielsweise ein Buch, einen Metrotunnel, ein Informationssystem oder organisiert z. B. einen Kongress. Manche bezeichnen etwas nur deshalb als Projekt, weil es sich damit von anderen Aktivitäten abhebt, nur bei dieser Bezeichnung finanzielle Mittel zur Verfügung gestellt werden oder weil sie dann ihre Arbeitszeit darauf buchen können. Andere knüpfen daran die Konsequenz, dass tatsächlich anders gearbeitet wird. Diese Konsequenz ist für einige angenehm, während sie anderen missfällt.

Ein Projekt ist eine zeitlich begrenzte Form der Zusammenarbeit, die auf die Realisierung eines einmaligen Ergebnisses abzielt, das zum Erreichen bestimmter Ziele beiträgt.

Charakteristisch für das Projekt ist, dass es sich dabei um eine Arbeitsform für Aufgaben handelt, die viele neue Elemente beinhalten und bei denen die Beteiligten nicht oder kaum auf frühere Erfahrungen zurückgreifen können. Um ein Projekt gut abzuschließen, sind Beiträge von Personen nötig, die normalerweise an anderen Arbeitsprozessen beteiligt sind. Von ihnen wird erwartet, dass sie die alltäglichen Kooperationsmuster verlassen und eine zum spezifischen Projekt passende Arbeitsweise entwickeln. Damit ist auch gesagt, warum die Durchführung von Projekten so vielen Menschen und Organisationen schwerfällt: Für jede Aufgabe muss die passende Vorgehensweise gesucht werden (mit allen dazugehörigen Unsicherheiten und Diskussionen), anstatt eingefahrenen Wegen zu folgen (das machen wir immer so), was im Vorfeld Sicherheit bietet.

Projektmanagement führt verschiedene Fachgebiete zusammen. Es ermöglicht es, eine wichtige einmalige Aufgabe anzugehen. Da ein Projekt in jedem Fall eine befristete Bündelung von Arbeitskraft erfordert, handelt es sich dabei um eine arbeitsintensive Vorgehensweise. Schließlich kann man nicht auf Standardverfahren und Handbücher zurückgreifen. Die Entscheidung für einen projektorientierten Ansatz bedeutet, dass zur Entwicklung der für das betreffende Projekt passenden

Arbeitsweise und Organisation viel zusätzliche Kreativität und zusätzlicher Arbeitseifer von allen Beteiligten gefragt sind. Denn weder die Ergebnisse noch die dafür erforderlichen Arbeiten sind im Voraus genau bekannt. Deshalb müssen im Verlauf des Projekts noch viele Entscheidungen getroffen werden.

Da die Arbeitsweise für die beteiligten Parteien nicht der Normalität, dem Üblichen entspricht, müssen Mittel wie Arbeitskraft, Finanzen, Arbeitsraum und Machtbefugnisse zur Verfügung gestellt und bis zu einem gewissen Grad abgerungen werden, und zwar von einer dazu befähigten Person: dem *Auftraggeber*. Der Einsatz einer Person ist gefragt, die bereit ist, dafür zu sorgen, dass das Projektergebnis erzielt wird: und das ist *der Projektleiter*. Außerdem ist es erforderlich, dass Mitarbeiter bereit sind, ihr Wissen und Können für die Erzielung des Ergebnisses einzusetzen.

In einem Buch, das von Projektarbeit handelt, mag diese Aussage merkwürdig klingen, aber nichts wird von selbst zum Projekt. Menschen machen aus bestimmten ergebnisorientierten einmaligen Aktivitäten, die mit begrenzten Mitteln ausgeführt werden müssen, ein „Projekt". Daran knüpfen sie die Konsequenz, dass sie Regeln aufstellen und Vereinbarungen treffen müssen, die neu sind und nicht dem Gewohnten entsprechen, und vor allem, dass sie anders arbeiten wollen und werden. Das Project Canvas hilft den Beteiligten einerseits, aus einer Aufgabe ein Projekt zu machen, und verhilft ihnen andererseits möglicherweise zu der Erkenntnis, dass es aufgrund vieler Unklarheiten besser wäre, noch eine Weile zu improvisieren.

Schlüsselbegriffe bei Projekten: einmalig, Ziel, Ergebnis

Die Bezeichnung „Projekt" wird für eine Vielzahl von Tätigkeiten verwendet. Wir werden zuerst auf die unseres Erachtens falsche Auslegung des Begriffs „Projekt" eingehen.

Die Bezeichnung „Projekt" wird oft für nicht zu den alltäglichen Tätigkeiten gehörende Aufgaben, die Lösung von Problemen oder die Verfolgung von Zielen verwendet. Dem Problem oder der Herausforderung wird dann das Etikett „Projekt" verpasst, um Legitimität zu schaffen: („Unsere kurzfristige Strategie beinhaltet Bestrebungen, mehr für den Rückgang des Übergewichts bei Jugendlichen zu unternehmen. Damit sind natürlich Kosten verbunden und es wurden jetzt Mittel in ein Projektbudget umgeschichtet.")

Eine Aufgabe kann auch als Projekt bezeichnet werden, um jemanden damit betrauen zu können („Der Projektleiter wird in den kommenden zwei Wochen dafür sorgen, dass eine Lösung für die Lieferverzögerungen gefunden wird.") Manche Aktivitäten werden als „Projekt" betitelt, weil man schlicht keine andere Bezeichnung dafür parat hat.

Es ist denkbar, in den obigen Beispielen die Bezeichnung Projekt zu wählen, aber wir gehen für den Einsatz des Project Canvas von einer etwas engeren Definition aus, und zwar der Summe folgender Begriffe: einmalig + Ergebnis + Arbeit + Ziel = Projekt.

Shutterstock/Rawpixel.com

2

Die 15 Elemente des Project Canvas

IN DIESEM KAPITEL GEHEN WIR NÄHER AUF DIE 15 ELEMENTE EIN, AUS DENEN SICH DAS PROJECT CANVAS ZUSAMMENSETZT. WIR ERLÄUTERN, WAS DIE EINZELNEN ELEMENTE BEINHALTEN, UND LIEFERN DAZU EINIGE HINTERGRUNDINFORMATIONEN. ZUNÄCHST GEHEN WIR JEDOCH KURZ AUF EINIGE FAUSTREGELN FÜR DIE NUTZUNG DES CANVAS EIN.

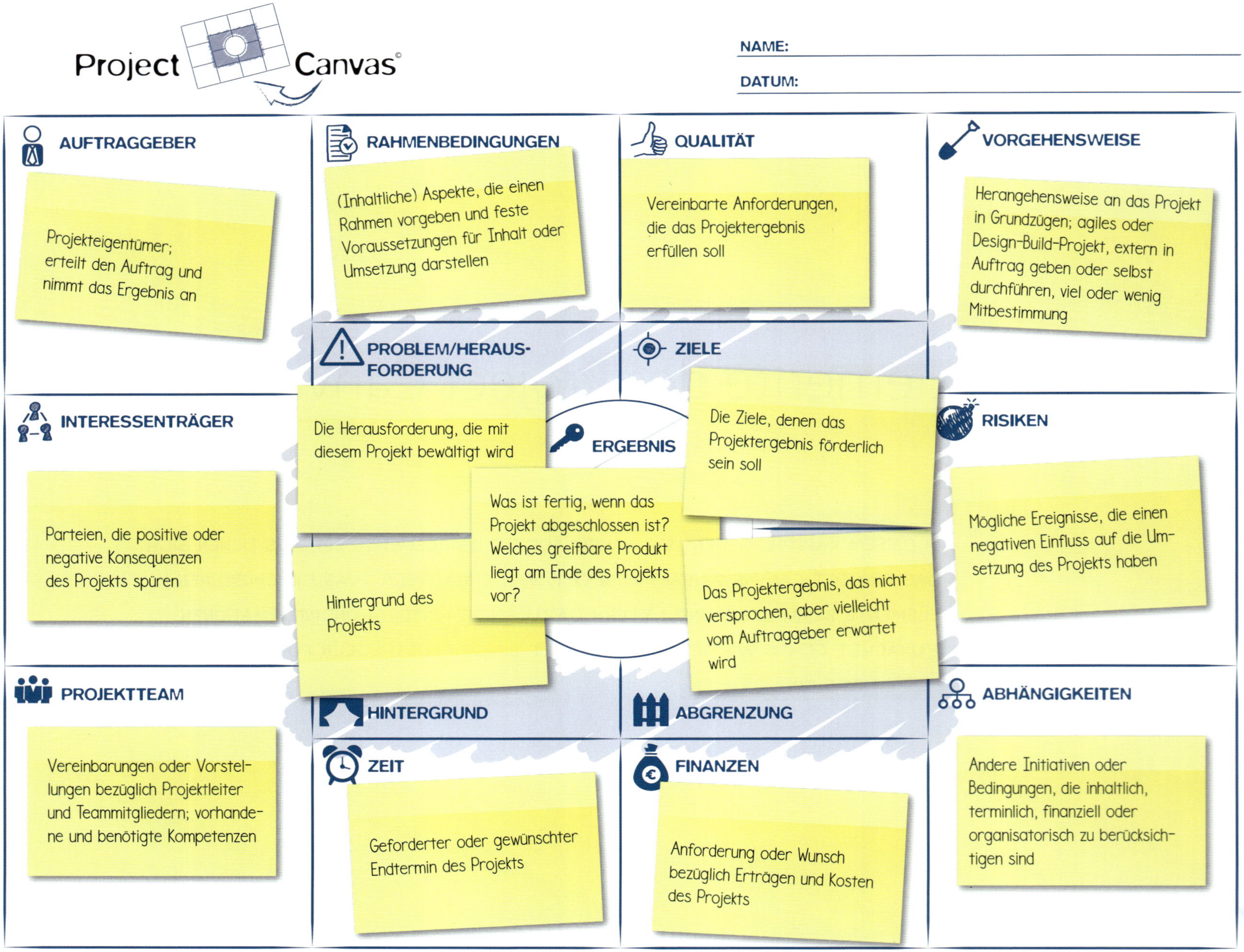

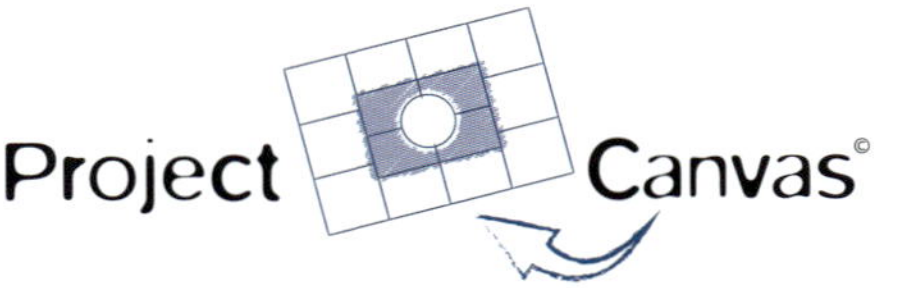

NAME:

DATUM:

AUFTRAGGEBER

Projekteigentümer; erteilt den Auftrag und nimmt das Ergebnis an

RAHMENBEDINGUNGEN

(Inhaltliche) Aspekte, die einen Rahmen vorgeben und feste Voraussetzungen für Inhalt oder Umsetzung darstellen

QUALITÄT

Vereinbarte Anforderungen, die das Projektergebnis erfüllen soll

VORGEHENSWEISE

Herangehensweise an das Projekt in Grundzügen; agiles oder Design-Build-Projekt, extern in Auftrag geben oder selbst durchführen, viel oder wenig Mitbestimmung

PROBLEM/HERAUSFORDERUNG

Die Herausforderung, die mit diesem Projekt bewältigt wird

ZIELE

Die Ziele, denen das Projektergebnis förderlich sein soll

INTERESSENTRÄGER

Parteien, die positive oder negative Konsequenzen des Projekts spüren

ERGEBNIS

Was ist fertig, wenn das Projekt abgeschlossen ist? Welches greifbare Produkt liegt am Ende des Projekts vor?

RISIKEN

Mögliche Ereignisse, die einen negativen Einfluss auf die Umsetzung des Projekts haben

HINTERGRUND

Hintergrund des Projekts

ABGRENZUNG

Das Projektergebnis, das nicht versprochen, aber vielleicht vom Auftraggeber erwartet wird

PROJEKTTEAM

Vereinbarungen oder Vorstellungen bezüglich Projektleiter und Teammitgliedern; vorhandene und benötigte Kompetenzen

ZEIT

Geforderter oder gewünschter Endtermin des Projekts

FINANZEN

Anforderung oder Wunsch bezüglich Erträgen und Kosten des Projekts

ABHÄNGIGKEITEN

Andere Initiativen oder Bedingungen, die inhaltlich, terminlich, finanziell oder organisatorisch zu berücksichtigen sind

ABBILDUNG 2.1 DAS PROJECT CANVAS MIT BESCHREIBUNGEN DER EINZELNEN ELEMENTE

Keine Vollständigkeit anstreben

Eine der wichtigsten Faustregeln für den Einsatz des Project Canvas ist: Keine Vollständigkeit anstreben, sondern das Projekt auf seinen Kern reduzieren. Der Kern besteht aus kurzen Antworten auf die Fragen: was, wie, wer, womit und worin. Diese fünf Fragen umfassen die 15 Elemente des Canvas. Die Antworten auf diese Fragen umreißen für Auftraggeber und andere Interessenträger, was die wesentlichen Aspekte des Projekts sind und wie es durchgeführt werden wird. Wenn diese damit einverstanden sind, können weitere Einzelheiten des Projekts ausgearbeitet werden. Schließlich haben Sie immer noch die Gelegenheit, eine ausführlichere Beschreibung in den Projektvertrag aufzunehmen. Außerdem können Sie bei der weiteren Ausarbeitung des Projekts auch noch Änderungen vornehmen.

Wo im Canvas beginnen?

Auch wenn eine mehr oder weniger logische Reihenfolge zu erkennen ist, lautet eine weitere Faustregel: Sie können mit dem Element beginnen, das Ihnen am meisten zusagt. Unseres Erachtens ist es am naheliegendsten, beim „Was" zu beginnen, weil es den Mittelpunkt des Projekts bildet. In Kapitel 3 gehen wir übrigens ausführlich darauf ein, wie man das Canvas einsetzen kann und was bei der Anwendung wichtig ist.

Im Prinzip können Sie bei jedem Element beginnen, solange Sie dafür sorgen, dass am Ende ein konsistentes Bild entsteht. Das heißt, dass zwischen Ziel und Ergebnis ein klarer Zusammenhang existiert, dass das Ergebnis tatsächlich einen Beitrag zum Erreichen des Ziels leistet. Anders formuliert: Die Kluft zwischen Ziel und Ergebnis darf nicht zu groß sein. Gleiches gilt für den Zusammenhang zwischen Problem und Ziel. Auch dort ist es sinnvoll, die Kluft dazwischen nicht zu groß werden zu lassen. Selbstverständlich prüft man, ob die verfügbaren Mittel in einem angemessenen Verhältnis zum zu erzielenden Ergebnis stehen. Bei der Abgrenzung sollten Sie sich vergegenwärtigen, dass es um das geht, was nicht erbracht wird, also das, was über die Projektgrenzen hinausgeht. Denn sonst beschreibt, ehe man sichs versieht, die ganze Welt.

Fragen als Hilfsmittel

Zu jedem der 15 Elemente des Canvas haben wir einige Hilfsfragen formuliert. Die Antworten auf die einzelnen Fragen sollen nicht komplett in das Canvas einfließen. Entscheidend ist für uns in erster Linie, damit einen Denk- und Gestaltungsprozess in Gang zu setzen. Manchmal werden etwas anders formulierte Fragen zur gleichen Antwort führen. Dann wissen Sie, dass Sie den Kern dieses Elements richtig erfasst haben.

Nun gehen wir den Fragen nach, die den Kern des Projekts bilden. Darin finden alle erforderlichen Elemente des Project Canvas einen Platz.

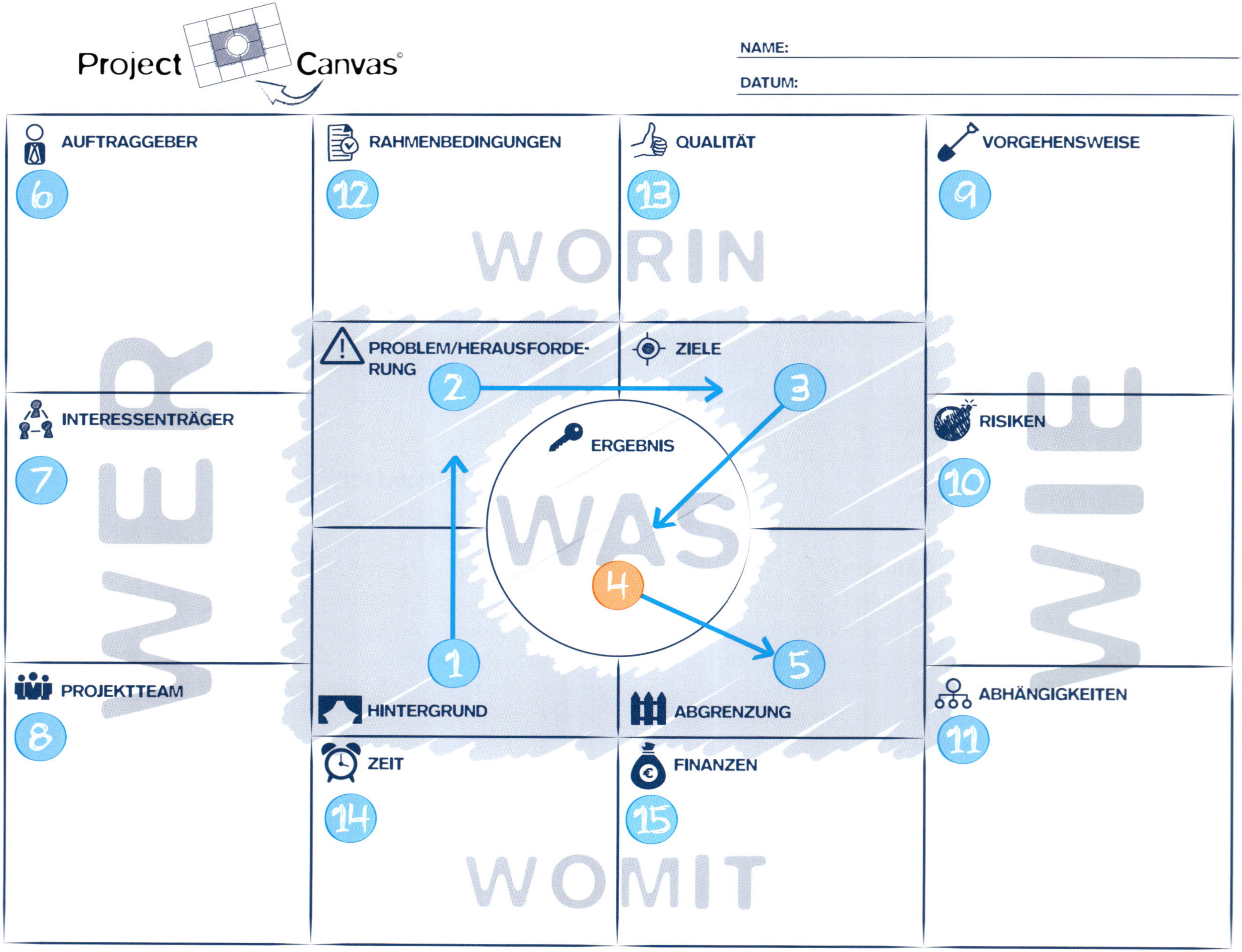

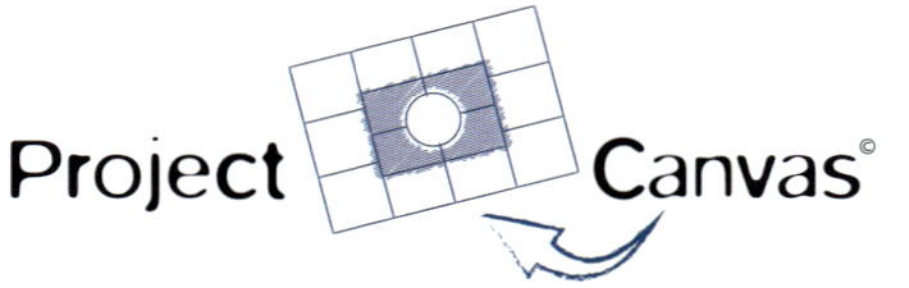

NAME:

DATUM:

ABBILDUNG 2.2 DIE FÜNF KERNFRAGEN UND DIE FÜNFZEHN ELEMENTE UND IHRE POSITION AUF DEM CANVAS

I Was?

HINTERGRUND: DIE WICHTIGSTEN FAKTEN IM ÜBERBLICK

Der *Hintergrund* beinhaltet die Fakten und die Merkmale der Situation zu Beginn des Projekts. Welche Ausgangssituation liegt vor, was ist der Ausgangspunkt? Es geht dabei um eine Bestandsaufnahme zu den Themen, über die es im Projekt wenig bis keine Diskussionen geben kann, die „harte" Realität. Natürlich sind die Informationen nur dann interessant, wenn sie etwas über die für das Projekt relevanten Bedingungen aussagen, z. B. die Politik oder Strategie der Organisation, Fakten, Annahmen des Auftraggebers im Hinblick auf die Zukunft und Ähnliches.

Neben dem Hier und Jetzt ist ein weiterer wichtiger Aspekt für das Projekt die Geschichte: Was ging voraus? Situationen sind nie von anderen Situationen losgelöst; es gibt eine Vorgeschichte. Diese Geschichte liefert die nötigen Informationen zu der Frage, was in der Organisation oder in einem bestimmten Politikfeld funktioniert oder den Beteiligten wichtig ist und was nicht. Dazu gehört die Beschreibung der Beziehungen zum Umfeld. Sie bezieht sich auf andere Projekte (wenn das Projekt Bestandteil eines Programms ist) oder auf andere Organisationseinheiten, Produkte oder Dokumente.

Der Projektleiter beschreibt die Hintergründe auf der Grundlage von Informationen, die ihm vom Auftraggeber zur Verfügung gestellt wurden und die er mit dem Projektteam recherchiert hat. Beschränken Sie sich bei der Beschreibung des Hintergrunds auf die wichtigsten Aspekte. Wahrscheinlich wäre es leicht möglich, einen umfangreichen Hintergrundbericht zu verfassen, aber beschränken Sie sich im Canvas auf die Kerninformationen, die für die weitere Beurteilung des Projekts wichtig sind.

HILFSFRAGEN

- Welche relevanten Zahlen und Fakten sagen etwas über die heutige Situation aus?
- Welche wichtigen aktuellen Entwicklungen sollten den Beteiligten bekannt sein?
- Welche relevanten Interventionen haben in diesem Bereich bereits stattgefunden?
- Welche Vorgeschichte ist bei der Planung dieses Projekts zu berücksichtigen?

PROBLEM/HERAUSFORDERUNG: BESCHREIBEN SIE DIE UNERWÜNSCHTE SITUATION ODER DIE GÜNSTIGE AUSSICHT

Während sich der Hintergrund vor allem durch Fakten kennzeichnet, sind *Problem* oder *Herausforderung* eher subjektiver, emotionaler Natur. Schließlich gibt es einen Grund, warum ein Projekt in Gang gesetzt wird. Projekte helfen, die Kluft zwischen heute (Herausforderungen, Probleme) und morgen (Ziele, Ergebnisse) zu überbrücken.

Es ist sinnvoll, sich in diesem Zusammenhang die Perspektive, aus der man die Situation betrachtet, genau anzusehen. Wird einem Ereignis das Etikett „Problem" verpasst, schwingt im Grunde ein negativer Unterton mit. Denn es wird nach Dingen gesucht, die nicht vorhanden sind oder nicht gut funktionieren, über die Unzufriedenheit herrscht oder Beschwerden vorliegen. Deshalb ist es in manchen Fällen ratsam, von einer Herausforderung zu sprechen, weil dabei die Betonung stärker auf der Zukunft, der günstigen Aussicht liegt.

Unter der Herausforderung des Projekts verstehen wir die Beschreibung der Spannung, die zwischen der derzeitigen und der gewünschten Situation besteht. Für die Energie des Teams ist es wichtig, in dem, was als Problem präsentiert ist, nach verborgenen Herausforderungen zu suchen.

Probleme sind erst Probleme, wenn es einen Problemeigentümer *(Problem Owner)* gibt, sonst handelt es sich um Fakten. Es kommt auf die Betrachtungsweise an. Bei der Formulierung des Problems sucht man z. B. nach Dingen, die dem Auftraggeber Schwierigkeiten oder Sorgen bereiten, wovon er wegkommen möchte. Beispiele für Beschreibungen die zu einer Herausforderung bzw. einem Problem gehören:

» Sie sind unzufrieden über ...

» Die heutige Situation ist unbefriedigend, denn ...

» Es gibt Beschwerden über ...

» Chancen liegen im Bereich ...

» Beteiligte suchen Verbesserungsmöglichkeiten im Bereich ...

» Die heutigen Mittel sind unzureichend, um ...

Um aktiv zu werden, sind Emotionen dieser Art, ein Gefühl von Dringlichkeit und Beweggründe für das Aufgreifen des Problems notwendig. Was für den einen ein *Problem* darstellt, findet ein anderer vollkommen unwichtig. Es geht darum zu verdeutlichen, wie der Auftraggeber die Situation betrachtet. Die Fakten aus dem *Hintergrund* führen bei den Beteiligten zu Interpretationen und Bewertungen, die sie veranlassen, die Situation als erwünscht oder unerwünscht zu betrachten. So entwickelt sich der Auslöser für das Projekt.

Der Problemeigentümer erhält häufig die Rolle des Auftraggebers. Er ist die Person, die etwas gegen die unerwünschte Situation unternehmen kann und will. Oft gehört er nicht zu denjenigen, die unter der Situation leiden. So kann man beispielsweise als Bürger in der eigenen Gemeinde Schwierigkeiten mit unklarer Verkehrsbeschilderung haben, aber nur in der Gemeindeverwaltung gibt es jemanden, der etwas dagegen unternehmen kann. Allerdings muss diese Person dann auch die Unklarheit der Beschilderung als unerwünschte Situation wahrnehmen. Der Bürger kann zwar die Initiative ergreifen, indem er die unklare Situation meldet, aber das macht ihn noch nicht zum Problemeigentümer.

Initiatoren, Eigentümer oder Problemeigentümer müssen etwas Vorhandenes als unerwünscht (Problem) oder aber etwas Neues als erwünscht (Chance) wahrnehmen. Damit verleihen sie der Situation eine Bedeutung und machen auf diese Weise deutlich, warum sie etwas Besseres oder anderes anstreben.

HILFSFRAGEN

- Was hat aktuell dazu geführt, dass jetzt Bedarf an einem Projekt besteht?
- Was genau ist das Problem, das wir mit diesem Projekt angehen wollen?
- Welche Chance wollen wir in diesem Projekt ergreifen?
- Was sind die Konsequenzen, wenn nichts geschieht?

Die Darstellung des Hintergrunds und die Beschreibung des Problems bzw. der Herausforderung bilden den Rahmen, innerhalb dessen die *Ziele* für das Projekt formuliert werden können.

ZIELE: BESCHREIBEN SIE DIE ERWÜNSCHTE SITUATION

Die Existenzberechtigung eines Projekts verbirgt sich in dem, was mit dem Projektergebnis angestrebt wird: dem Ziel oder den Zielen. Ein Ziel ist eine gewünschte zukünftige Situation.

Die Formulierung von Zielen gibt Einblick in die Frage, warum ein Projekt in Gang gesetzt wird und was sich zu gegebener Zeit u. a. dank des Projektergebnisses verändert haben wird. Die Ziele sind auch Prüfsteine für das gewünschte Projektergebnis, weil sie die Grundlage für die Qualitätskriterien bilden. Letztlich gibt es ein Projekt, um ein Ergebnis zustande zu bringen, Ziele zu verwirklichen und damit eine Gelegenheit zu ergreifen oder Probleme aus dem Weg zu räumen.

Das Projekt selbst bewirkt nicht die Verwirklichung der Ziele, aber leistet dazu einen wichtigen Beitrag.

Beim Ziel handelt es sich um die Beschreibung einer gewünschten Situation, die soweit möglich zu einem vorbestimmten Zeitpunkt erreicht sein soll. Die Praxis zeigt jedoch, dass viele Ziele so formuliert sind, dass sich später nur schwer feststellen lässt, ob sie tatsächlich erreicht wurden. Das ist bei „ER-Zielen" der Fall, z. B. schönER, freundlichER, beweglichER, mächtigER, umsatzstärkER, ertragreichER, statusreichER usw. Natürlich haben Ziele, die so formuliert sind, auch eine Funktion: Sie beschreiben ein Ideal, an dem man sich orientieren kann.

Sollen Ziele einen Zweck erfüllen, so müssen sie den SMART-Anforderungen entsprechen, das heißt, spezifisch, messbar, akzeptabel, realistisch und terminiert sein. Je konkreter sie formuliert sind, desto einfacher lässt sich die neue Situation anhand der ursprünglichen Ziele überprüfen. Ein Ziel dieser Art wird auch als Nutzen bezeichnet.

Die Ziele stellen einen wichtigen Bezugspunkt für das Projekt dar. Sie sind Inspirations- und Motivationsquelle und der Zielpunkt, auf den man sich gemeinsam zubewegt und für den man sich gemeinsam einsetzt. Dazu müssen Ziele aber für die Beteiligten bedeutsam sein. Denn Menschen möchten sich am liebsten mit sinnvollen Dingen beschäftigen, und ein Ziel zu verfolgen, kann als

sinnvoll empfunden werden. Auch wenn Ziele letztlich vom Auftraggeber stammen, können sich kommunizierte Ziele zu etwas Gemeinsamem entwickeln, was bewirkt, dass sich alle Beteiligten gemeinsam dafür einsetzen wollen. So erzeugt ein ambitioniertes und attraktives Ziel auch Engagement für das Projekt.
Gute Ziele sind prägnant formuliert und dadurch leicht zu vermitteln. Inspirierend sind Ziele, wenn die Teammitglieder ihren Nutzen für sich selbst, die Organisation oder die Gesellschaft erkennen und wenn sich Menschen dafür engagieren möchten und können. Engagement und Bindung entstehen, wenn Menschen einige eigene persönliche Ziele verfolgen können.

Ziele sind nicht machbar oder erzwingbar. Ob ein Ziel letztlich erreicht wird, hängt von den unterschiedlichsten Faktoren wie beispielsweise der Bereitschaft und den Möglichkeiten zu einer Verhaltensänderung ab, z. B. bei der Zielgruppe des Projekts. Eine Informationskampagne für gesunde Ernährung mit verteilten Broschüren und produzierten und ausgestrahlten Fernsehspots als Ergebnis lässt sich in Projektform organisieren. Ob jedoch nach dem Lesen der Broschüre und dem Ansehen der Fernsehspots tatsächlich gesünder gegessen wird, ist Ergebnis der unterschiedlichsten Prozesse, die sich nur zum Teil beeinflussen lassen. Die Einrichtung flexibler Arbeitsplätze in einem Büro kann im Rahmen eines Projekts verwirklicht werden, aber der gewünschte Effekt, dass die Mitarbeiter effizienter arbeiten werden, lässt sich nicht garantieren. Ziele sind bis zu einem gewissen Grad zu beeinflussen, weil man annehmen kann, dass der Einsatz der erzielten Ergebnisse zu gewünschten Effekten führt.

HILFSFRAGEN

- Was will der Auftraggeber mit diesem Projekt erreichen?
- Was wollen andere Interessenträger mit diesem Projekt erreichen?
- Wie beeinfflussbar, realistisch und werbend sind die Ziele?
- Stehen die Ziele der unterschiedlichen Interessenträger im Widerspruch zueinander?

ERGEBNIS: LEGEN SIE FEST, WAS (AM ENDE DES PROJEKTS) ÜBERGEBEN WIRD

Das *Ergebnis* ist das, was übergeben wird, ein greifbares Produkt, das erstellt wird und einen Beitrag zum Erreichen des Ziels leistet.
Bei Überlegungen im Hinblick auf Ziele und Ergebnisse blickt man voraus und nicht zurück wie bei *Hintergrund* und *Problem*. Projekte helfen, die Kluft zwischen heute (*Probleme* und *Ziele*) und morgen durch das Liefern von Ergebnissen zu überbrücken.

Sind die Projektziele bekannt, stellt sich die Frage, wie sie zu erreichen sind. Schließlich gibt es viele Wege, um ein Ziel zu erreichen. Aus der Vielzahl möglicher Ergebnisse muss der Auftraggeber eines auswählen, das seines Erachtens den größten Beitrag zum Erreichen der Ziele leisten wird. Alternativ kann er die Initiierung verschiedener Projekte beschließen, gegebenenfalls unter dem Dach eines Programms.

Einer der wichtigsten Schritte in der Orientierungsphase des Projekts ist die Formulierung des Ergebnisses. Viele Projekte misslingen, weil das Ergebnis nicht sorgfältig genug formuliert wurde. Denn die Festlegung der inhaltlichen Arbeit muss auf Grundlage der Ergebnisbeschreibung erfolgen. Wenn das Ergebnis nicht hinreichend konkret formuliert wurde, lassen sich auch die Tätigkeiten nicht richtig festlegen. In der Folge kann auch die Überwachung der Projektkonzeption schwierig werden.

Synonyme für „Projektergebnis“ sind unter anderem: „Produkt“, „Liefergegenstand“, „Lösung“, „Mittel“, „Output“ und „Gegenstand“. Welche Bezeichnung verwendet wird, ist nicht so wichtig, solange man sich über das Projektergebnis einig ist. Solange kein Konsens über das angestrebte Projektergebnis besteht, ist Projektarbeit unmöglich.

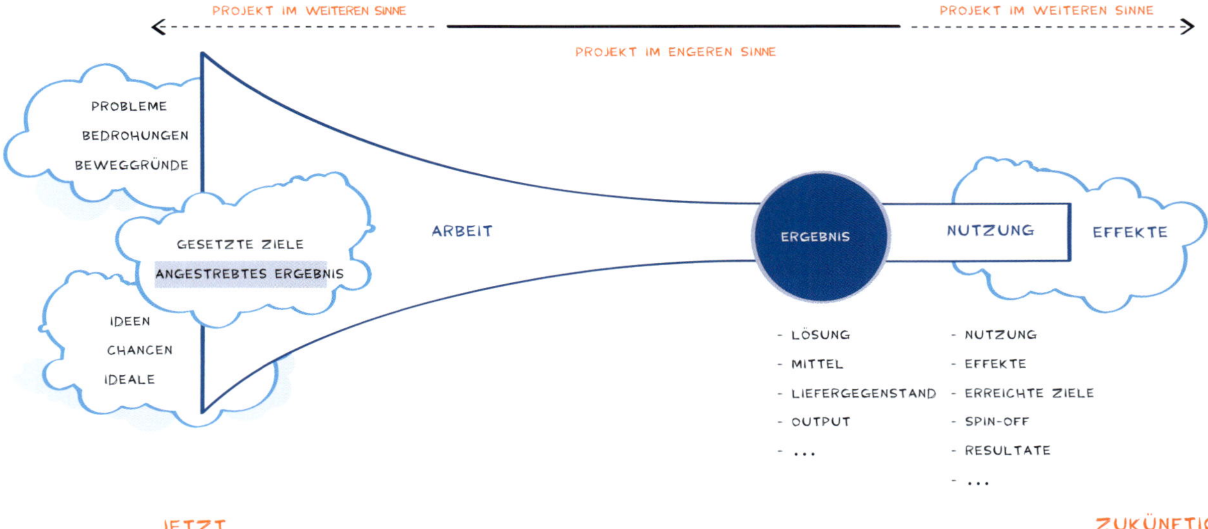

ABBILDUNG 2.3 DAS PROJEKT HILFT, VON DER JETZIGEN ZUR ZUKÜNFTIGEN SITUATION ZU GELANGEN

Ohne das Ergebnis als gemeinsamen Bezugspunkt ist es nicht möglich, über Tätigkeiten nachzudenken, Aufgaben zu verteilen, die benötigten Mittel festzulegen usw. Eine gute Ergebnisbeschreibung lenkt die Energie der Zusammenarbeitenden in eine Richtung.

Je klarer die Antwort auf die Frage ausfällt: „Was ist am Ende fertig?", desto klarer ist allen, warum sie das tun, was sie tun. Nicht nur die Mitarbeiter, sondern auch die Außenwelt wissen dann genau, woran die Mitglieder des Projektteams arbeiten.
Sobald ein Konsens über das Ergebnis erreicht wurde, ist es sinnvoll, dieses Ergebnis durch die Formulierung von Teilergebnissen weiter zu präziseren. Zusammen bilden sie das Ergebnis. Fehlt am Ende ein Teilergebnis, ist das Ergebnis nicht vollständig (und oft nicht gut oder gar nicht nutzbar).

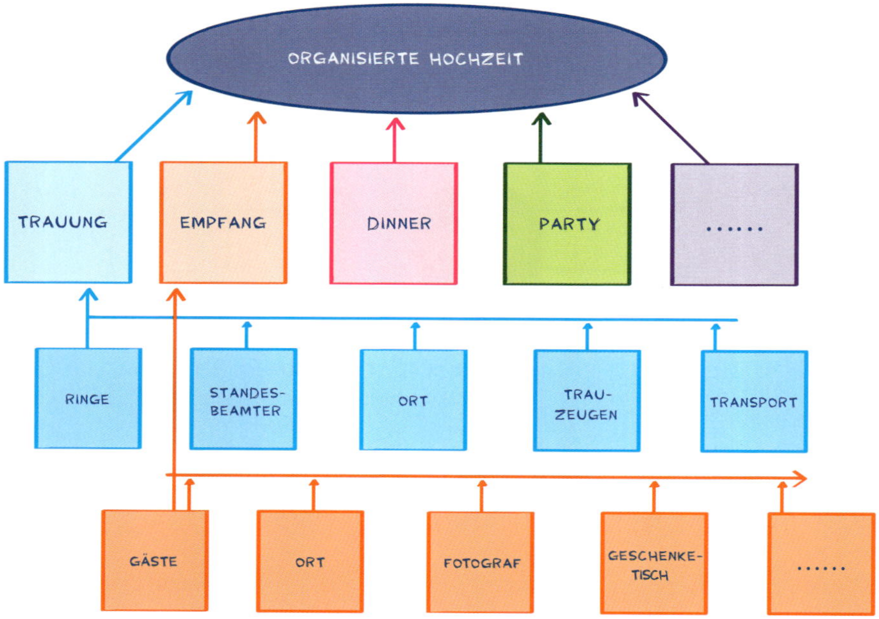

ORGANISIERTE HOCHZEIT

TRAUUNG | EMPFANG | DINNER | PARTY | ......

RINGE | STANDES-BEAMTER | ORT | TRAU-ZEUGEN | TRANSPORT

GÄSTE | ORT | FOTOGRAF | GESCHENKE-TISCH | ......

ABBILDUNG 2.4 BEISPIEL FÜR EIN ERGEBNIS UND TEILERGEBNISSE

Die Ergebnisbeschreibung sollte drei Anforderungen erfüllen:

1 Erstens muss das Ergebnis konkret formuliert sein. Die Formulierung soll verständlich sein und nur eine Auslegung zulassen. Wäre die Person, die sie verfasst hat, morgen quasi wie vom Erdboden verschluckt, müsste die Beschreibung des Projektergebnisses für die Übrigen noch brauchbar sein.
2 Zweitens muss sich anhand der Ergebnisbeschreibung am Ende des Projekts überprüfen lassen, ob das zu Beginn Versprochene tatsächlich geliefert wurde.
3 Drittens hat die Ergebnisbeschreibung realistisch zu sein.

HILFSFRAGEN

- Was ist fertig, wenn das Projekt fertig ist?
- Warum ist das Ergebnis für die Verfolgung der Ziele notwendig?
- Ist das Ergebnis konkret, realisierbar und durchsetzbar?
- Welche Teilergebnisse werden zur Realisierung des Ergebnisses benötigt?

ABGRENZUNG: LEGEN SIE FEST, WELCHES ERGEBNIS DAS PROJEKT NICHT LIEFERT

In der *Abgrenzung* werden die Grenzen des Projekts festgelegt und damit auch die des Projektleiters. Es gehört zu den Aufgaben des Projektleiters, auf die Einhaltung der Grenzen zu achten. In erster Linie geht es darum, in dieser Frage bewusste, explizite und transparente Entscheidungen treffen zu können.

HILFSFRAGEN

- Welche Erwartungen haben Interessenträger im Hinblick auf das Projektergebnis?
- Welche Konsequenzen hat es, wenn diese Erwartungen nicht erfüllt werden?
- Was geschieht, wenn diese Erwartungen eingelöst werden?
- Welche Reichweite hat das Projekt?

2 Wer?

AUFTRAGGEBER: STELLEN SIE FEST, FÜR WELCHE PERSON DAS PROJEKT EIN MITTEL ZUM ERREICHEN IHRER ZIELE IST

Die wichtigste Rolle in jedem Projekt ist die des Auftraggebers, der auch als *Eigentümer, Senior Executive* oder *Sponsor* bezeichnet wird. Denn der Auftraggeber möchte mit dem Projekt etwas erreichen. Diese Person hat ein Ziel, das sie erreichen will, ist mit einem Problem konfrontiert, das gelöst werden muss, oder sieht eine Chance, die ergriffen werden soll. In diesem Sinne ist der Auftraggeber der Initiator des Projekts. Die Ideen können jedoch von jedem anderen stammen: Entscheidungsträgern, Kunden, Mitarbeitern, Lieferanten, Dritten usw. Doch meistens haben sie weder die Mittel noch die Befugnis, ein Projekt zu organisieren. Der Auftraggeber ist der Problemeigentümer, weil er in Bezug auf das Problem oder die Chance tatsächlich etwas bewirken kann.

Im Grunde gilt: ohne Auftraggeber kein Projekt. Bei der Erstellung des Canvas ist der Auftraggeber die Person, die sagt, was sie erreichen möchte und mit welchem Ergebnis dieses Ziel näher rücken kann. Das Projektteam kann anschließend über die dafür erforderlichen Tätigkeiten nachdenken. Doch, wie gesagt, am Anfang ist das Projektergebnis meist noch unklar und es sind noch viele Untersuchungen und Diskussionen nötig, um das *Was* und das *Wie* zu klären. Manchmal stellt sich am Ende aller Diskussionen heraus, dass der ursprüngliche Auftraggeber doch nicht die richtige Person ist, dass er nicht die zur Ermöglichung des Projekts nötige formale Stellung hat. Denn der Auftraggeber ist die Person, die über den Fortgang des Projekts im weitesten Sinne des Wortes entscheiden kann, darf und will. Er ist auch derjenige, der Lasten und Nutzen des Projekts zu spüren bekommt.

Nach der Genehmigung des Project Canvas wird vom Auftraggeber erwartet, dass er während der Projektlaufzeit ins Projekt einbezogen bleibt. Denn er muss den Projektvertrag genehmigen und alle benötigten (personellen, finanziellen und materiellen) Mittel zur Verfügung stellen. Vielleicht noch wichtiger ist, dass der Auftraggeber bereit ist, während der Projektlaufzeit als Auftraggeber zu agieren, das heißt, steuernd tätig zu sein, indem er rechtzeitig die Beschlüsse fasst und die Entscheidungen trifft, die für einen guten Fortgang notwendig sind.

Der Auftraggeber ist also mehr als ein Initiator, Sponsor oder Geldgeber. Er muss dafür sorgen, dass das Projektteam die Arbeit erledigen kann. Wenn möglich sollte die Rolle des Auftraggebers von einer Einzelperson übernommen werden. Die Erfahrung lehrt, dass ein intensiver Dialog zwischen Auftraggeber und Projektmanager erforderlich ist, der in vielen Situationen nicht auf die nächste Besprechung eines Lenkungsausschusses oder Managementteams warten kann.

HILFSFRAGEN

Wer spürt die Lasten des Problems und den Nutzen der Herausforderung?

Wer darf und kann auf die Erzielung des Ergebnisses hinwirken?

Wer hat die Stellung und die Mittel, um relevante Beschlüsse zu treffen?

Wer ist für das Erreichen von Nutzen und Zielen aus dem Business Case verantwortlich?

INTERESSENTRÄGER: ERMITTELN SIE, WEN DAS PROJEKT AM MEISTEN BETRIFFT

Es ist wichtig, frühzeitig systematische Überlegungen darüber anzustellen, wer ein Interesse an der Gestaltung und Umsetzung des Projekts hat. Denn oft sind zahlreiche Personen oder Parteien von einem Projekt betroffen, im positiven wie im negativen Sinn. Ein Überblick über die wichtigsten Interessenträger ist für das Projektteam bei der Projektsteuerung hilfreich. Im Canvas listen Sie kurz auf, wer die wichtigsten Akteure im Umfeld sind und welche strittigen Fragen sie beschäftigen.

Akteure im Umfeld sind Parteien, Stakeholder oder Personen, die aus dem relevanten Umfeld Einfluss auf das Projekt ausüben können und wollen. Diese Beeinflussung kann so weit gehen, dass sie wie beispielsweise im Falle von Rechtsvorschriften zwingenden Charakter hat. Auch eine weniger starke Beeinflussung in Form von Kofinanzierung, Zulieferung, passiver Duldung und Ähnlichem ist möglich. Das Projektteam muss wissen, in welchem Maße die Personen im Umfeld gleiche Interessen und demnach einen breiten Konsens über den Inhalt haben und ob gegenseitiges Vertrauen besteht. Daraus ergeben sich sechs Typen von Akteuren: Freunde, Koalitionspartner, Feinde, Argumentationsgegner, Opportunisten bzw. Skeptiker (siehe Abbildung 2.5).

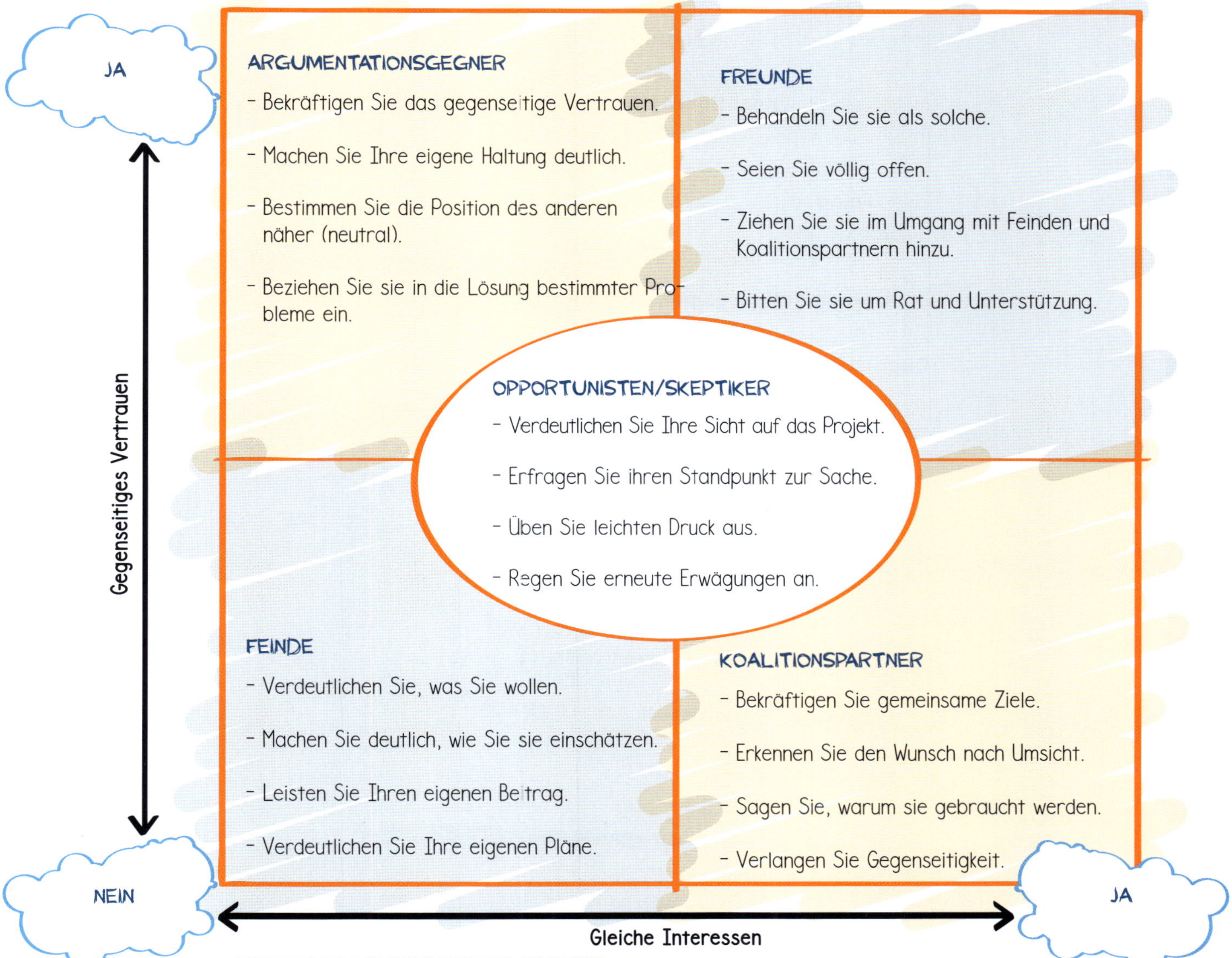

JA
ARGUMENTATIONSGEGNER
- Bekräftigen Sie das gegenseitige Vertrauen.
- Machen Sie Ihre eigene Haltung deutlich.
- Bestimmen Sie die Position des anderen näher (neutral).
- Beziehen Sie sie in die Lösung bestimmter Probleme ein.
FREUNDE
- Behandeln Sie sie als solche.
- Seien Sie völlig offen.
- Ziehen Sie sie im Umgang mit Feinden und Koalitionspartnern hinzu.
- Bitten Sie sie um Rat und Unterstützung.
OPPORTUNISTEN/SKEPTIKER
- Verdeutlichen Sie Ihre Sicht auf das Projekt.
- Erfragen Sie ihren Standpunkt zur Sache.
- Üben Sie leichten Druck aus.
- Regen Sie erneute Erwägungen an.
Gegenseitiges Vertrauen
FEINDE
- Verdeutlichen Sie, was Sie wollen.
- Machen Sie deutlich, wie Sie sie einschätzen.
- Leisten Sie Ihren eigenen Beitrag.
- Verdeutlichen Sie Ihre eigenen Pläne.
KOALITIONSPARTNER
- Bekräftigen Sie gemeinsame Ziele.
- Erkennen Sie den Wunsch nach Umsicht.
- Sagen Sie, warum sie gebraucht werden.
- Verlangen Sie Gegenseitigkeit.
NEIN
JA
Gleiche Interessen

ABBILDUNG 2.5 SECHS TYPEN VON AKTEUREN

Eine Person, die man als **Freund** betrachtet, muss man auch dementsprechend behandeln.

Im Umgang mit **Koalitionspartnern** ist es wichtig, immer wieder sachlich die Gemeinsamkeiten im Hinblick auf die verfolgten Ziele zu bekräftigen.

Einen **Feind** sollte man sehr genau wissen lassen, worauf man hinaus will und was man erreichen möchte.

Ein **Argumentationsgegner** ist eine Person, die man vertrauensvoll und respektvoll behandelt.

Opportunisten und Skeptiker sind Akteure, die sich (noch) nicht entschieden haben.

HILFSFRAGEN

- Wer hat den größten Vorteil vom angestrebten Ergebnis oder den Projektaktivitäten?
- Wer wird durch das angestrebte Ergebnis oder die Projektaktivitäten am stärksten beeinträchtigt?
- Wer sind die Benutzer und Verwalter des Ergebnisses?
- Wer sind die wichtigsten Zulieferer?

PROJEKTTEAM: LEGEN SIE FEST, WELCHER PROJEKTLEITER UND WELCHE TEAMMITGLIEDER FÜR DAS ERGEBNIS SORGEN

Der **Projektleiter** hat einen bedeutenden Anteil an der Gestaltung der Zusammenarbeit. Im Projekt muss jemand bereit sein, Verantwortung für das Zustandekommen des Ergebnisses zu übernehmen, und in der Lage sein, die einem Projektleiter zustehenden Befugnisse auszuüben.

Ein Projekt ist ein gemeinsamer Gestaltungsprozess, bei dem das Ergebnis durch die individuellen Beiträge der einzelnen Teammitglieder realisiert wird. Essenziell ist deshalb die Auswahl der richtigen Personen für das Team durch den Projektleiter, und zwar unter dem Aspekt, dass die richtigen Kompetenzen vertreten sind, und dass sich ein Team bildet, das zusammenarbeitet. Bei diesem Element wird angegeben, was über die benötigten Kompetenzen, Fertigkeiten und Teambeiträge bereits bekannt ist.
Projektleiter ist mehr als eine Rolle oder eine Bezeichnung. Es geht in erster Linie um eine Person mit einer ergebnisorientierten Einstellung, die motiviert ist, mit den übrigen Teammitgliedern das Ergebnis planmäßig zustande zu bringen. Dabei hat der Projektleiter ein Auge für die Verhältnisse untereinander.

Projektmanagement ist nicht irgendeine Managementtechnik, sondern ein gemeinsamer Gestaltungsprozess, bei dem Projektleiter und Team eine intensive Zusammenarbeit verbindet. In manchen Teams kann der Projektleiter vieles den Teammitgliedern überlassen, andere Teams benötigen viel Führung. Der Projektleiter ist eine Person, die als Persönlichkeit über genügend Autorität verfügt, um etwas zu erreichen, die über Zusammenarbeit im Team nach Lösungen für Probleme sucht, die Interessenträger aktiv ins Projekt einbezieht und das Augenmerk auf Details legt, das aber nicht auf Kosten des großen Ganzen geht. Außerdem sucht er die Balance zwischen

Umsetzung und Planung. Endlose Planungen bringen ein Projekt nicht wirklich voran. Irgendwann muss gehandelt werden.
Ganz gleich, welche Bezeichnung für die Person verwendet wird, die das Projekt leitet, die Initiierung inhaltlicher Aktivitäten gehört immer zu ihren Aufgaben. Um zu vermeiden, dass Projektbeteiligte aneinander vorbei arbeiten, muss sie außerdem die Koordination zwischen den diversen Beteiligten übernehmen. Der Projektleiter hat bei der Erstellung des Canvas und bei der Umsetzung des Projekts die Führungsrolle inne. Genauso wichtig ist jedoch, dass er von Anfang an für eine gute Atmosphäre im Projektteam sorgt und zu den zukünftigen Nutzern des Projektergebnisses ein produktives Vertrauensverhältnis aufbaut. Er sollte auch erkennen – was manchmal schwierig ist –, wann er Teammitglieder nicht antreiben sollte. Viele Projektleiter machen es sich selbst oft unnötig schwer. Sie machen sich nicht bewusst, dass zu viel Einmischung (zu viel Kontrolle) sehr wenig nützt und sogar kontraproduktiv ist.

Projektteammitglieder brauchen vor allem zielgerichtete echte Aufmerksamkeit, Handlungsempfehlungen im richtigen Moment und rechtzeitiges ehrliches Feedback. Zum Glück erkennen immer mehr Projektleiter, dass es verhängnisvoll ist, sich als Chef aufzuspielen. Deshalb ist es so wichtig, ein Team zu bilden, das *gestaltend* tätig ist. Das ist eine Form der Zusammenarbeit zwischen motivierten Menschen, die aus gegenseitiger Verbundenheit und Verbundenheit mit dem Projekt die Verantwortung übernehmen, das zu tun, was nötig ist. Die Mitglieder eines solchen Teams arbeiten nicht nur zusammen, sondern sind auch gegenseitig von den Leistungen der anderen abhängig. Die Qualität des Canvas und die des Projektergebnisses stehen in einem direkten Zusammenhang mit den persönlichen Eigenschaften, den Fertigkeiten und dem Engagement jedes Teammitglieds. Erste Gedanken zu den benötigten Kompetenzen werden in das Canvas aufgenommen.

Hauptaufgabe der **Projektteammitglieder** bei der Erstellung des Canvas ist, das eigene Fachwissen und die eigene Kreativität einzubringen. Ist das Canvas genehmigt und ein Projektvertrag erstellt, verlagert sich ihre Rolle auf das „Tun“ (ausführen, erstellen, verfassen, interviewen, Modelle entwickeln, bauen, denken, berechnen, Fragenkataloge erstellen, Fragen stellen u. Ä.). Auch wenn bestimmte Mitarbeiter zu Beginn noch keinen großen Anteil am Projekt haben, gilt es, sie dennoch in einem möglichst frühen Stadium ins Projekt einzubeziehen. So lassen sich das gesamte Wissen und die ganze Erfahrung der Beteiligten nutzen und man fühlt sich verantwortlich für die gemeinsam formulierte Aufgabe. Dann erstatten auch alle Teammitglieder gefragt und ungefragt Bericht über den Fortgang ihrer Arbeit und verhalten sich wie Mitarbeitende und nicht wie Interessenvertreter oder Beobachter. Eine wichtige Eigenschaft von Teammitgliedern ist die Bereitschaft, anderen zu helfen und sich von anderen helfen zu lassen. Außerdem gilt selbstverständlich: Vereinbarungen werden ohne Ausreden, Ausflüchte und „ja, aber“ eingehalten.

Leistungsfähige Projektmitarbeiter werden es schätzen, wenn abgestimmt auf ihr Kompetenzniveau, möglichst viele Aufgaben, Befugnisse und Zuständigkeiten an sie delegiert werden. Dabei müssen sie jedoch mit der paradoxen Situation von Mitarbeitern leben lernen: Sie betrachten sich grundsätzlich als dem Projektleiter gleichgestellt, aber erkennen gleichzeitig die Unterschiede zu ihm im Hinblick auf operative Aufgaben, Zuständigkeiten und Befugnisse an.

HILFSFRAGEN

- Mit wem möchten Sie zur Realisierung dieses Projekts zusammenarbeiten?
- Welches Fachwissen und welche Kompetenzen werden benötigt?
- Haben Sie Vorstellungen zur Projektstruktur und ihrer Ausgestaltung?
- Wer übernimmt die Projektleiterrolle?

3 Wie?

VORGEHENSWEISE: WÄHLEN SIE EINE ARBEITSWEISE, MIT DER DAS ERGEBNIS ERREICHT WERDEN WIRD

Beim Element *Vorgehensweise* werden im Canvas Angaben zur gewählten Methode gemacht. Ein Projektergebnis lässt sich auf verschiedenen Wegen erzielen. Viele Organisationen nutzen klassische Methoden, die durch eine Phaseneinteilung und Kontroll- und Entscheidungsprozesse gekennzeichnet sind. Andere nutzen die Methode PRINCE2 und wieder andere schwören auf Scrum/Agile. Auf diese Vorgehensmodelle werden wir in den Kapiteln 4 und 5 eingehen. Bei diesem Element finden Sie auch die für das Erreichen des Ergebnisses inhaltlich notwendigen Aktivitäten vor. Selbstverständlich hat man davon in dieser Phase noch kein detailliertes Bild. Deshalb benennen Sie an dieser Stelle nur die großen Arbeitsbereiche.

Um herauszufinden, welche Tätigkeiten verrichtet werden müssen, ist die abwechselnde Anwendung von vorwärts- und rückwärtsgerichteter Argumentation sinnvoll. Durch Vorausdenken versucht man, alle Tätigkeiten zu ermitteln: Was muss zukünftig geschehen, um das angestrebte Projektergebnis zu erreichen? Beim Zurückdenken beginnt man beim Ergebnis und stellt sich die Frage: Wenn das erreicht ist, was wurde getan, um es zu erreichen? Anders formuliert: Man beginnt mit dem Endergebnis vor Augen. Dieses Prinzip basiert auf der Vorstellung, dass alles zweimal erschaffen wird: Zuerst wird es konzipiert und danach erhält es eine materielle Form.

HILFSFRAGEN

- Welche Projektmanagementmethode wenden Sie bei diesem Projekt an?
- Welche Tätigkeiten sind notwendig und welchen Beitrag leisten sie tatsächlich zum Ergebnis?
- Ist die Beschreibung der Tätigkeiten nicht zu detailliert, aber auch nicht zu pauschal?
- Wurden bei der Formulierung der Aktivitäten tatsächlich Tätigkeitswörter (Verben) verwendet?

RISIKEN: PRÜFEN SIE, WAS MISSLINGEN KANN UND WIE SICH DEM VORBEUGEN LÄSST

Sinnvoll ist eine ausführliche Bestandsaufnahme mit dem Projektteam zu den Fragen, welche *Risiken* erkennbar sind. Ein Risiko ist ein mögliches Ereignis mit negativem Effekt auf das Projekt (Zeit, Finanzen, Qualität, Information, Kommunikation, Organisation). Der Projektleiter sieht für dieses Risiko einen Spielraum bei einer Kontrollanforderung vor. In dieser Phase besteht wenig Einblick in die genauen Projektrisiken. Deshalb werden im Canvas nur die Punkte aufgeführt, die sich schon als wichtigste zu beachtende Aspekte abzeichnen.

Bei diesem Element beantworten Sie folgende Fragen: Was kann misslingen? Wie hoch ist das Risiko, dass dies geschieht? Was sind die damit verbundenen Folgen? Welche Maßnahmen zur Verringerung des Risikos oder der Folgen lassen sich im Vorfeld entwickeln?

Um herauszufinden, welche Risiken das Projekt gefährden und wie ernst die Folgen sein können, muss mit dem Team untersucht werden, wie groß die Eintrittswahrscheinlichkeit eines bestimmten Risikos ist. Dies sollte über Interviews, Literaturstudium, Berechnungen und Gespräche erfolgen. Wird das Risiko als schwerwiegend eingeschätzt, sind Maßnahmen zu entwickeln, die im Vorfeld zu seiner Abwendung durchgeführt werden können oder, falls das Risiko tatsächlich eintritt.

Im Wesentlichen sind folgende Maßnahmen möglich:

- *Vermeidung*. Dabei wird die Wahrscheinlichkeit/Möglichkeit des Eintretens eines bestimmten Risikos gleich null.
- *Minderung*. Dabei wird eine Verringerung der Risikoursache oder -folge angestrebt. Der Versuch, die Ursache zu beeinflussen, findet im Vorfeld statt. Bei auf Folgen bezogenen Maßnahmen werden vorab Überlegungen zu möglichen Maßnahmen angestellt und ggf. Vorbereitungen getroffen. Die eigentliche Maßnahme erfolgt erst beim Eintreten des Risikos.
- *Übertragung*. Die Übertragung von Risiken führt nicht unmittelbar zur Beseitigung der Risikoursachen, aber zu einer Risikominderung, weil erwartet wird, dass eine andere Partei das Risiko besser managen oder tragen kann.
- *Akzeptanz*. Es kann auch entschieden werden, ein Risiko zu akzeptieren. Oft sind damit die Reservierung zusätzlicher finanzieller Mittel in der Kostenschätzung für diesen Zweck oder Änderungen in der Planung verbunden. Es wird erst reagiert, wenn das Risiko tatsächlich eintritt – mit dem Nachteil, dass das angestrebte Ergebnis gefährdet wird und das Risiko große Folgen hat.

HILFSFRAGEN

- Was könnte bei diesem Projekt misslingen?
- Wie hoch ist die Eintrittswahrscheinlichkeit der einzelnen Risiken?
- Wie schwerwiegend sind die Folgen, wenn sie eintreten?
- Können Maßnahmen entwickelt werden?

ABHÄNGIGKEITEN: UNTERSUCHEN SIE DIE BEZIEHUNGEN ZU ANDEREN PROJEKTEN UND AKTIVITÄTEN

Die Erstellung eines Canvas ist wesentlich einfacher, wenn Projekte keinerlei Bezug zu anderen Projekten oder Tätigkeiten haben, aber in vielen Fällen gibt es solche Beziehungen. Bei diesem Element veranschaulichen Sie die wichtigsten Beziehungen zu anderen Projekten oder Aktivitäten – das sind *Abhängigkeiten*, die auf irgendeine Weise das Projekt beeinflussen können. Es kann eine inhaltliche Beziehung bestehen: Es muss auf ein Strategiepapier gewartet werden, das in einem anderen Projekt erstellt wird und dessen Ergebnis Einfluss auf das eigene Projekt hat. Auch in Bezug auf Kapazitäten kann es eine Beziehung geben: Personen, die in einem Projekt tätig sind, werden auch im neuen Projekt gebraucht. Eine ganz andere Sache ist die Implementierung des Ergebnisses. Es empfiehlt sich zur Vermeidung einer Überlastung von Organisationen, zuerst ein Projekt sorgfältig zu implementieren, bevor dieselben Mitarbeiter mit einem anderen Projekt belastet werden. Denn Organisationen können nur eine begrenzte Zahl neuer Initiativen bewältigen.

HILFSFRAGEN

- Ist bekannt, welche Änderungsinitiativen es in der bzw. den Organisationen gibt?
- Welche Initiativen haben Berührungspunkte mit diesem Projekt?
- Wurde ermittelt, welchen Einffluss die diversen Initiativen auf dieses Projekt haben könnten?
- Welche Konsequenzen wären damit verbunden?

4 Worin?

RAHMENBEDINGUNGEN: ERMITTELN SIE DIE ANFORDERUNGEN, AN DIE DAS PROJEKT GEBUNDEN IST

Bei Projekten müssen oft die unterschiedlichsten *Rahmenbedingungen* eingehalten werden. Das sind Aspekte, die weder Betei igte noch Auftraggeber beeinflussen können, nach denen sie sich aber zu richten haben. Es handelt sich um Aspekte, die Einfluss auf die Umsetzung des Projekts haben und für deren Einhaltung eventuell alles Mögliche organisiert werden muss.
Im Canvas beschreiben Sie beispielsweise die mit Datenschutzvorschriften, Branchenvereinbarungen oder der Unternehmensstrategie verbundenen Anforderungen. Es geht also um den Rahmen, in dem das Projekt Gestalt annehmen soll. Mit *Rahmenbedingungen* sind daher ausdrücklich nicht die Angelegenheiten gemeint, die für das Projekt geregelt werden müssen und ohne die es nicht richtig oder gar nicht umgesetzt werden kann, wie beispielsweise Kapazitäten.

HILFSFRAGEN

- Welche Rechtsvorschriften sind auf dieses Projekt oder Teile davon anwendbar?
- An welchen strategischen Kurs oder welche strategischen Entscheidungen ist dieses Projekt gebunden?
- Welche Vereinbarungen auf Branchen- oder Sektorebene sind zu berücksichtigen?
- Welche Konsequenzen hätte das Ignorieren von Rahmenbedingungen?

QUALITÄT: LEGEN SIE DIE WICHTIGSTEN ANFORDERUNGEN FEST, DIE DAS ERGEBNIS ERFÜLLEN SOLL

Bei *Qualität* stehen im Canvas die wichtigsten Anforderungen, die das Projektergebnis erfüllen soll. Manchmal werden auch die Anforderungen aufgeführt, denen der Prozess entsprechen muss, um zum Ergebnis zu führen. Wenn das Projektergebnis bekannt ist, kann eine Antwort auf die Frage gesucht werden, welchen Hauptanforderungen das Endergebnis entsprechen wird. Anders formuliert: Welchen Katalog von Anforderungen und Wünschen und welche Funktionen wird das Endergebnis erfüllen? Ggf. werden Auftraggeber und Interessenträger befragt, was sie mit dem Projektergebnis bezwecken. Die Antworten beziehen sich auf den Grund, warum die Person das Projektergebnis oder die damit verbundenen Leistungen anstrebt. Diese Anforderungen stammen häufig vom Kunden oder vom Auftraggeber. Eine Funktionsanforderung wird auch als Merkmal, Leistung oder Eigenschaft bezeichnet.

Es ist sinnvoll, auch die wichtigsten operativen Anforderungen zusammenzustellen. Sie beziehen sich auf die Anwendung des Projektergebnisses. Die operativen Anforderungen sind deshalb bei den zukünftigen Benutzern und den Personen zu finden, die das Ergebnis verwalten oder instandhalten. Das sind zwar wichtige Anforderungen, aber nicht die wichtigsten. Beispielsweise wird ein Gerät nicht in erster Linie gekauft, weil es sich so leicht bedienen lässt. Vielleicht möchte der Auftraggeber aber für eine bessere Funktionalität einige Abstriche beim Bedienkomfort machen?

Die Priorisierung von Anforderungen oder Funktionen erfolgt bei diesem Ansatz nach den MoSCoW-Regeln: *Must have* bezieht sich auf die für den Eigentümer wesentlichen Anforderungen. *Should have* verweist auf die, gemessen am Wert oder den Auswirkungen, wichtigsten Funktionen. *Could have* bezieht sich auf die Anforderungen, auf die der Eigentümer seines Erachtens auf kurze Sicht verzichten kann. Und schließlich *Won't have this time round,* was bedeutet, dass sich dies im Prinzip auf später verschieben lässt.

HILFSFRAGEN

- Was soll das Ergebnis dem Auftraggeber zufolge mindestens leisten?
- Welche Eigenschaften des Ergebnisses sind für die Benutzer attraktiv?
- Wie lauten die strengsten Anforderungen?
- Lassen sich die Anforderungen in eine Rangfolge bringen?

5 Womit?

ZEIT: ANFANGS- UND ENDTERMIN UND DIE BENÖTIGTE ARBEITSZEIT SCHÄTZEN

Beim Element *Zeit* geht es um erste Vorstellungen in Bezug auf zwei Faktoren: erstens den Zeitpunkt, zu dem das Projektergebnis voraussichtlich übergeben wird (wann ist das Projekt abgeschlossen?) und zweitens einen ersten groben Anhaltspunkt, wie viele Arbeitsstunden die Ausführenden zum Erreichen des Ergebnisses benötigen. Vielleicht lassen sich diese Informationen schon den verschiedenen Personen zuordnen, aber in dieser Projektphase geht es wohl um erste grobe Anhaltspunkte.

Auftraggeber interessiert meistens, wann das Projektergebnis übergeben wird. Wie real diese Frage auch ist, es ist anfangs noch sehr schwierig, dazu genaue Angaben zu machen. Schließlich wurden die Tätigkeiten pauschal ermittelt und es muss noch viel untersucht und diskutiert werden, bevor sich der Endtermin mit geringem Spielraum angeben lässt.

Für die einzelnen inhaltlichen Aktivitäten sollte in Absprache mit den Teammitgliedern die benötigte Zeit in Tagen oder Wochen geschätzt werden. Wenn Schätzungen zur Bearbeitungszeit vorliegen, ist die nächste Frage, wie die Durchlaufzeit aussehen wird. Die Durchlaufzeit gibt die Anzahl der Kalendertage oder -wochen für die Durchführung der Aktivität an. Schließlich muss bei allen erforderlichen Projektaktivitäten ein Bezug zur Kalenderzeit hergestellt werden. All dies erfolgt mit Vorbehalten oder großzügigen Spielräumen. In der Planung muss außerdem Augenmerk auf die Entscheidungszeit gelegt werden. Das ist der Zeitraum, den die Entscheidungsträger, z. B. Auftraggeber, Geschäftsführung oder Geldgeber, benötigen, um über den Abschluss einer Aktivität oder Phase zu entscheiden. Er muss bei der Durchlaufzeit berücksichtigt werden. Bei Routineaufgaben ist die Festlegung der Bearbeitungszeit nicht besonders schwierig, denn dafür stehen Kennzahlen und Erfahrungswerte zur Verfügung. Bei Projekten sind meistens, insbesondere im Anfangsstadium, kaum Erfahrungswerte verfügbar. Hinzu kommt, dass auch die Tätigkeiten bislang nur pauschal ermittelt wurden. Außerdem ist zu berücksichtigen, dass viele die benötigte Zeit viel zu optimistisch einschätzen. Ein großer Schritt in die richtige Richtung ist oft schon erreicht, wenn das Projektteam für die verschiedenen Arbeitsbereiche drei Schätzungen zur Durchlaufzeit vornimmt: eine optimistische, eine wahrscheinliche und eine pessimistische. Daraus ergibt sich dann eine gewichtete erwartete Durchlaufzeit.

Bei einigen Projektmanagementmethoden, z. B. bei Scrum, wird dieses Problem wie folgt gelöst: Es wird ein Endtermin festgelegt und damit muss das Team auskommen. Anschließend macht sich das Team mit den wichtigsten Anforderungen, die sich innerhalb von vier Wochen realisieren lassen, an die Arbeit. Nach vier Wochen wird das fertiggestellte Teilprodukt dem Auftraggeber zur Genehmigung vorgelegt. Dieser Zyklus wird genau so wiederholt, bis der Endtermin erreicht ist. Man weiß daher nicht genau, was am Ende des Projekts fertig sein wird. Dieses Planungsprinzip wird als *Timeboxing* bezeichnet. Die am Ende des Planungszeitraums fertiggestellten (als *Prototypen* bezeichneten) Produkte sind Bausteine einer größeren Gesamtheit. Diese Iterationen wirken zwar eigenständig, sind aber Teil eines größeren Ganzen.

HILFSFRAGEN

- Wissen wir, wann der Auftraggeber das Ergebnis vorliegen haben möchte?
- Wurde eine grobe Schätzung vorgenommen, welche Personen zur Ausführung der Tätigkeiten benötigt werden und wie viel Zeit sie beanspruchen wird?
- Werden Hilfsmittel benötigt? Und wenn ja, wann müssen sie verfügbar sein?
- Werden die vorgesehenen Teammitglieder unseres Erachtens für die Mitwirkung am Projekt zu begeistern sein?

FINANZEN: NEHMEN SIE EINE SCHÄTZUNG DER KOSTEN UND ERTRÄGE VOR

In das Canvas nehmen Sie die Kosten der für die einzelnen Teilergebnisse auszuführenden Tätigkeiten auf (in Absprache mit den Teammitgliedern) sowie die Kosten für Hilfsmittel und Materialien. Außerdem machen Sie Angaben zu den nach der Übergabe des Projektergebnisses erwarteten Einkünften.

Häufig steht dem Auftraggeber ein bestimmtes Budget zur Verfügung und er möchte daher die Kosten und Erträge kennen. Wie real diese Frage auch ist, es ist anfangs noch sehr schwierig, dazu genaue Angaben zu machen. Schließlich wurden die Tätigkeiten pauschal ermittelt und es ist noch nicht klar, welche genauen Investitionen erforderlich sind. Außerdem muss noch viel untersucht und diskutiert werden, bevor sich eine Schätzung mit geringem Spielraum vornehmen lässt.

Anfangs ist es noch schwierig, eine zuverlässige und genaue Kostenschätzung zu erstellen, insbesondere wenn die Organisation nicht viel Erfahrung mit Projektkostenschätzungen hat. Deshalb ist es sinnvoll, ausreichende Spielräume vorzusehen, zu akzeptieren, dass erst im Laufe der Zeit mehr Klarheit entsteht, und mit einem Anfangsbudget für die ersten Monate und Entscheidungspunkten für die Folgefinanzierung zu beginnen. Gleiches gilt – bei kommerziellen Projekten – für die zu erwartenden Erträge.

HILFSFRAGEN

- Ist uns das maximale Budget des Auftraggebers für dieses Projekt bekannt?
- Wurde eine grobe Schätzung vorgenommen, welche ffinanziellen Mittel für die Durchführung dieses Projekts benötigt werden (und woher sie stammen)?
- Lässt sich bereits eine Aussage darüber machen, welche ffinanziellen Mittel für die Nutzung und Verwaltung benötigt werden?
- Gibt es eine Übersicht über die erwarteten Einkünfte oder Einsparungen?

3

Der Prozess der Gestaltung eines Project Canvas

DAS PROJECT CANVAS IST EIN INSTRUMENT, DAS DEN DIREKT AM PROJEKT BETEILIGTEN HILFT, SICH SCHNELL EIN KLARERES BILD VON DER AUFGABE ZU VERSCHAFFEN. ES LÄSST SICH IN PROJEKTEN AUF UNTERSCHIEDLICHE WEISE UND ZU VERSCHIEDENEN ZEITPUNKTEN NUTZEN. IN DIESEM KAPITEL BEANTWORTEN WIR EINIGE FRAGEN ZUR BESTEN ANWENDUNGSWEISE, ZUM BEISPIEL: WANN SETZT MAN DAS CANVAS EIN? IN WELCHER REIHENFOLGE FÜLLT MAN ES AUS? WELCHE ARBEITSFORMEN KÖNNEN ANGEWANDT WERDEN? WELCHE MITTEL WERDEN BENÖTIGT? WIE SCHAFFT MAN DIE VORAUSSETZUNGEN FÜR EINEN GUTEN CANVAS-WORKSHOP?

Einordnung des Canvas in den Projektverlauf

Das Project Canvas ist ein Instrument, das hervorragend in die Phasen passt, in denen das Projekt gestaltet wird. Denn es geht im Wesentlichen darum, dass Sie mit dem Canvas den Kern des Projekts und die wichtigsten Elemente bezüglich Projektsteuerung und -umsetzung beschreiben. Am besten in einem interaktiven Prozess der Co-Kreation mit dem vorgesehenen Projektteam und vielleicht sogar mit den Interessenträgern des Projekts.

Bei den meisten Projektmanagementmethoden nimmt der Projektaufbau in einer Initialisierungs- und einer Definitionsphase Gestalt an. Die Initialisierungsphase ist die Phase, in der auf Grundlage einer vagen Vorstellung die Frage beantwortet wird, ob ein Problem oder eine Herausforderung einen Projektansatz erfordert und wer am besten die Herausforderung aufgreifen und zu einem guten Ergebnis führen kann.
Den Abschluss dieser Phase bildet der Beschluss des Auftraggebers, den Auftrag zur Ausarbeitung und Definition des Projekts zu erteilen, der in einem Projektauftrag, einer Projektbeschreibung, einem Projektvorschlag, einer Projektvereinbarung, einem Managementteam-Beschluss o. Ä. festgehalten wird. Oft setzt dann auch ein Manager einen Projektleiter ein (oder dies ist bereits geschehen), wodurch einer Person die Verantwortung übertragen wird, mit einem Team einen Ansatz für das Projekt auszuarbeiten. Die Ausarbeitung fließt letztlich in einen Projektvertrag, Projektplan oder eine Projektleitdokumentation ein, die Auftragnehmer und Auftraggeber unterzeichnen. Das Projekt im engeren Sinne hat demnach noch nicht begonnen. Das gesamte Augenmerk richtet sich in dieser Phase auf die Ausarbeitung von Aspekten, die zu einem guten Projektvertrag führen.
Das ist der Zeitpunkt, zu dem genügend Informationen für eine weitere Konkretisierung aller Projektelemente verfügbar sind und der Einsatz des Instruments Project Canvas sinnvoll ist.

Das Canvas selbst kann in den meisten Fällen nicht als Projektvertrag genügen, denn die Aspekte, die in Grundzügen im Canvas behandelt werden, müssen im Projektvertrag weiter ausgearbeitet werden. So wird im Canvas zwar der Kern der Vorgehensweise beschrieben, aber die weitere Ausarbeitung zu einer Phaseneinteilung, der Aufbau des Controllings und Ähnliches werden im Vertrag behandelt.
Das Project Canvas wird nach der Erstellung vom Auftraggeber genehmigt. Damit ist ein erster wichtiger Meilenstein für das Projekt erreicht und andere Entscheidungsmöglichkeiten wurden für den Moment verworfen.

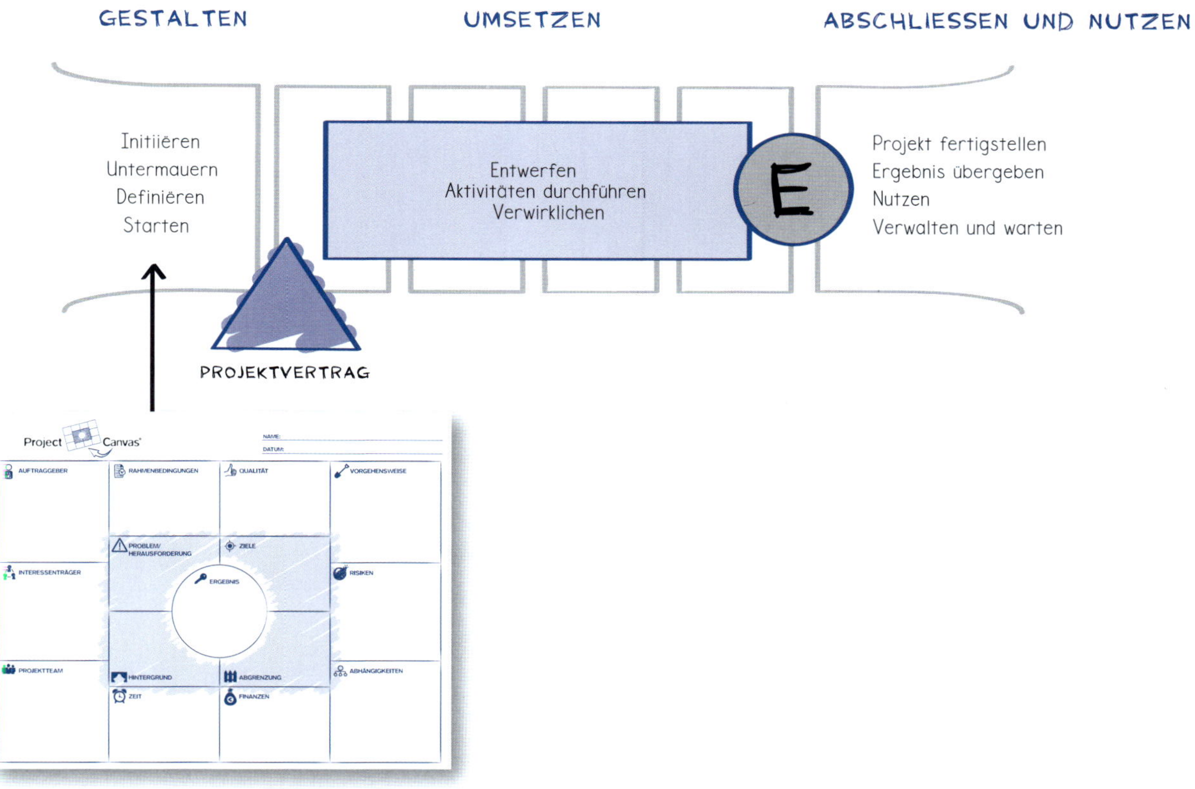

ABBILDUNG 3.1 DAS PROJECT CANVAS ALS MITTEL ZUR PROJEKTGESTALTUNG

Bei der Erstellung eines Canvas gibt es keine vorgeschriebene Reihenfolge

Project Canvas ist ein Modell, bei dem prinzipiell keine Reihenfolge für die Konkretisierung der 15 Elemente festgelegt ist.

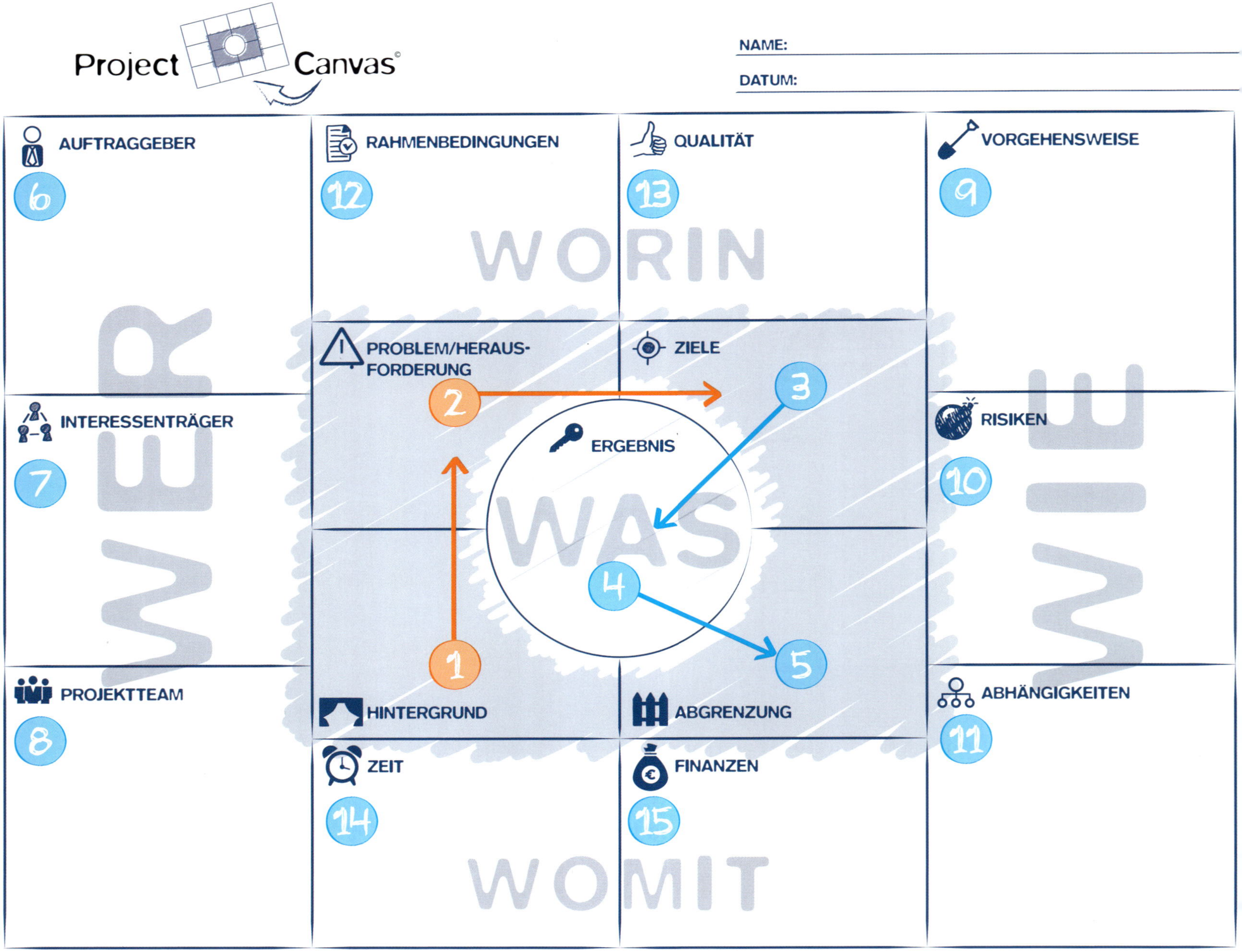

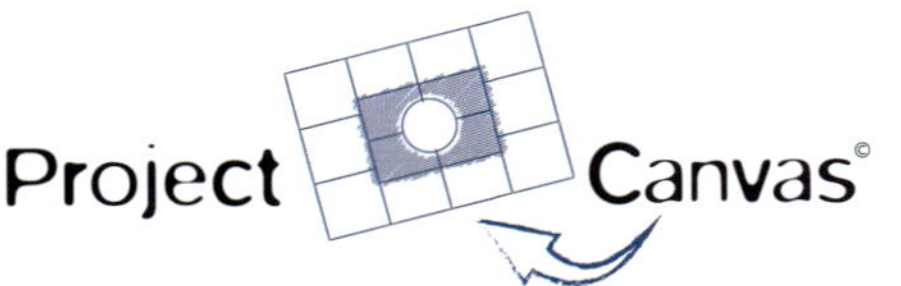

NAME:

DATUM:

ABBILDUNG 3.2 EINE MÖGLICHE REIHENFOLGE BEI DER ERSTELLUNG DES CANVAS

Die Reihenfolge, in der das Canvas ausgefüllt wird, folgt jedoch einer gewissen Logik. Das *Wie* und *Womit* des Projekts lassen sich erst gut formulieren, wenn das *Was* bekannt ist. Deshalb beginnt die Canvas-Erstellung mit dem *Was* im Zentrum. In Abbildung 3.2 ist mit Pfeilen die gängigste „Gedankenfolge" für die Besprechung der Elemente im Zentrum des Projekts dargestellt. Vom *Hintergrund* des Projekts (1) über *Problem/Herausforderung* (2) zu den zugrunde liegenden *Zielen* (3), zu deren Erreichen das Ergebnis beitragen soll, und zur Beschreibung des *Ergebnisses* (4). Dieses steht im Fokus des Projekts und deshalb auch im Canvas an zentraler Stelle. Anschließend folgt eine Beschreibung, was das Ergebnis entgegen möglichen Erwartungen von Beteiligten nicht ist: die *Abgrenzung* (5).

Canvas in einem Canvas-Workshop erstellen

Das Canvas kann der Projektleiter für sich selbst dazu nutzen, alle relevanten, den Kern des Projekts beschreibenden Elemente durchzugehen und festzulegen. Es dient dann vor allem als Instrument zur Strukturierung des eigenen Denkens. Eine weitere Stärke dieses Instruments liegt darin, mit den Beteiligten in einem interaktiven Prozess alle relevanten Elemente zu besprechen und auf diese Weise eine klare gemeinsame Projektdefinition zu formulieren. Die wichtigste Lehre aus Projektevaluationen ist, dass oft zu Beginn nicht genug Zeit investiert wird und die Botschaft des Sprichworts „Erst denken, dann handeln" nicht befolgt wird. Mit anderen Worten: Legen Sie großes Augenmerk auf die Vorbereitung und Gestaltung des Projekts. Diese Zeit und diese Investition werden sich letztlich um ein Vielfaches bezahlt machen. Hilfreich ist es, nicht mit einer Besprechung zu beginnen, sondern mit einem Canvas-Workshop. Das ist ein Arbeitstreffen, bei dem das vorgesehene Projektteam (zum Teil im Beisein des Auftraggebers) alle Aspekte des Projekts durchgeht. Die Ergebnisse dieses Treffens werden im Project Canvas festgehalten.

Die Stärke von Canvas-Workshops liegt nicht nur darin, dass alles inhaltlich gründlich besprochen wird, sondern vor allem darin, dass das Projekt durch den Prozess der Co-Kreation immer stärker im Denken und in den Herzen der Teilnehmer verankert wird. Das Erreichen eines gemeinsamen Engagements für das Projekt ist daher mindestens genauso wichtig. Deshalb ist die Bedeutung eines guten Workshops für ein Projekt nicht zu unterschätzen.

Die Dauer von Canvas-Workshops kann variieren: Es kann sich um eine halbtägige Zusammenkunft, aber beispielsweise auch um eine ganze Reihe kurzer Treffen handeln. Die passende Dauer ist abhängig von Aspekten wie Inhalt und Umfang des Projekts, den Teammitgliedern (bei Projekten mit Teammitgliedern aus verschiedenen Ländern ist es sinnvoll, eine längere Sitzung anzuberaumen, bei Projekten innerhalb einer Organisation möglicherweise nicht) und den vorhandenen Auffassungen in Bezug auf die Arbeitsweise.

Den Projektvertrag in einem Projektstart-Workshop erstellen

Ein Projektstart-Workshop ist bei der Erstellung eines guten Projektvertrags hilfreich. Bei einem Projektstart-Workshop handelt es sich um ein ein- oder mehrtägiges Arbeitstreffen des Projektteams. Die Arbeit an einem Canvas eignet sich sehr gut dafür, Klarheit über ein Projekt zu erhalten. Denn dies ist eine gute Methode, mit den wichtigsten Beteiligten zu besprechen, worum es beim Projekt geht, was dazugehört und was nicht, welche Vorgehensweise gewählt werden sollte und Ähnliches. Auch hier gilt wieder: Das wichtigste Ergebnis ist neben dem inhaltlichen Nutzen die Schaffung von Gemeinsamkeiten. Ein guter Projektstart-Workshop trägt dazu bei, dass die wichtigsten Beteiligten das gleiche Bild vor Augen haben, wenn sie über das Projekt sprechen.

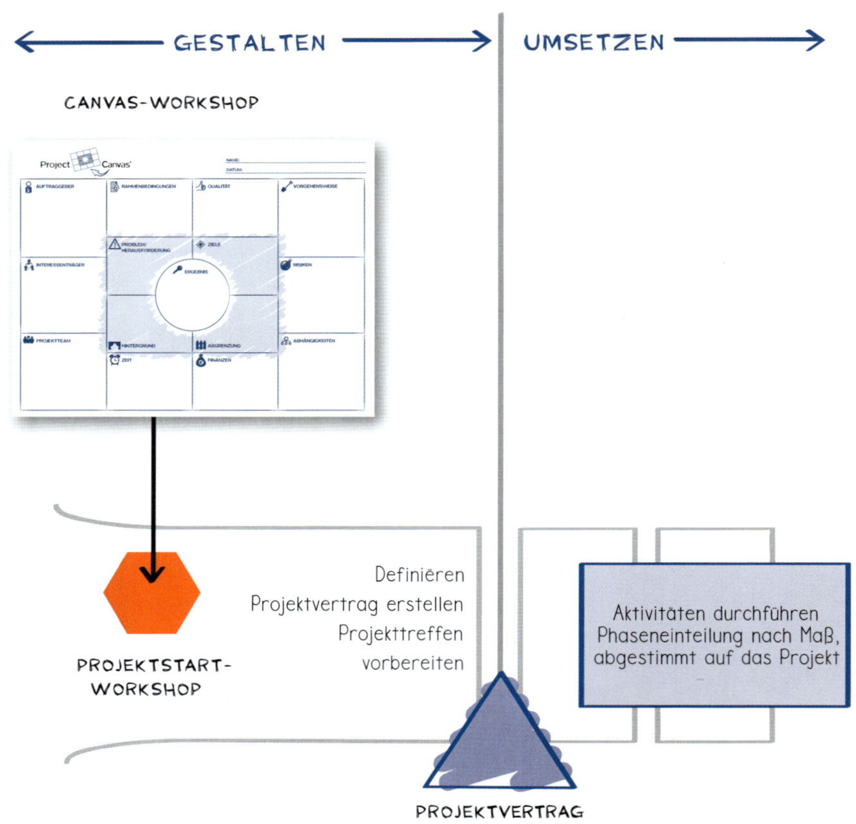

ABBILDUNG 3.3 EINORDNUNG DES PROJEKTSTART-WORKSHOPS

Es gibt nicht den einen Weg, der immer eingeschlagen wird. Jedes Projekt ist anders und erfordert spezifische Entscheidungen bezüglich Vorgehensweise und Planung sowie der Ausgestaltung der Phase des Projektaufbaus. Wenn man ein Projekt mit vielen Risiken leitet, kann es sinnvoll sein, einen separaten Risiko-Workshop abzuhalten. Kennen sich die Teammitglieder untereinander überhaupt nicht und steht ein wirklich intensiver Kooperationsprozess bevor, so kann es sehr sinnvoll sein, zuerst einen Tag für persönliches Kennenlernen und Teamdynamik einzuplanen.

Zwei Ansätze zur Erstellung eines Canvas

Sowohl für den Canvas-Workshop als auch für den Projektstart-Workshop gilt, dass sich Ihr Ansatz zwischen zwei Extremen bewegen kann: dem Entwurfsansatz und dem Entwicklungsansatz. In Abbildung 3.4 sind die wichtigsten Merkmale dargestellt, mit denen sich die Unterschiede zwischen diesen beiden Ansätzen veranschaulichen lassen. Die genaue Einordnung zwischen diesen Extremen ist unter anderem von den Beteiligten und der Art des Projekts abhängig.

Der Entwicklungsansatz ist eine Arbeitsmethode, bei der die Mitglieder des Projektteams in einem Prozess der Co-Kreation gemeinsam und mit den Interessenträgern am Canvas arbeiten. Von großer Bedeutung sind darin persönliche Inspiration und individuelles Engagement, das Einbringen von Wissen und Erfahrung durch jeden Einzelnen sowie das Zusammenbringen der Qualitäten der Beteiligten.

Diese Arbeitsmethode steht im Gegensatz zum Entwurfsansatz, bei dem Projekte in einem weniger partizipativen Prozess, in einem höheren Tempo und von weniger Personen gestaltet werden.

ENTWURFSANSATZ		ENTWICKLUNGSANSATZ
Geringe Partizipation	⟺	Starke Partizipation
Sequenziell	⟺	Iterativ
Quantitative Informationen	⟺	Qualitative Informationen
Hohes Tempo	⟺	Geringes Tempo
Konzept	⟺	Zielbild
Schwerpunkt auf Vorgehensplan	⟺	Schwerpunkt auf gemeinsamem Prozess
Risiko: Scheinsicherheit	⟺	Risiko: „Weiterwursteln“
Wenig Gestaltungsspielraum	⟺	Viel Gestaltungsspielraum
Geringe Inanspruchnahme des Sachverstands anderer	⟺	Intensive Nutzung des Sachverstands anderer
Bei bekannter Routine	⟺	Bei komplexen Fragen
Wenn schnelle Einführung erforderlich ist	⟺	Wenn genug Zeit bleibt
Bei großem Widerstand	⟺	Wenn ein Konsens möglich ist

ABBILDUNG 3.4 UNTERSCHIEDE ZWISCHEN ENTWURFS- UND ENTWICKLUNGSANSATZ

Es empfiehlt sich, den Aspekt Entwurf stärker zu betonen, wenn Aufträge klar oder durch Vorschriften bestimmt sind und viel Expertenwissen benötigt wird. Alle wissen dann gleich, woran sie sind. Der Entwurfsansatz ist auch sinnvoll, wenn in sehr kurzer Zeit ein Vorgehenskonzept entwickelt werden muss, dem man sich zu verpflichten bereit ist, auch wenn man keinen direkten Anteil an der Projektgestaltung hatte.

Die Entscheidung, den Schwerpunkt stärker auf die Entwicklung zu legen, ist sinnvoll, wenn noch keine Klarheit über den Auftrag oder die Problemlösung besteht. Kreative Beiträge der vorgesehenen Teammitglieder und möglicherweise der Interessenträger sind notwendig, um dem Projekt eine Gestalt und einen Inhalt zu geben. Neben den Ideen des Auftraggebers und des Projektleiters sind auch die Beiträge derjenigen, mit denen und für die das Projekt durchgeführt wird, von großer Bedeutung. Damit erhöht sich die Wahrscheinlichkeit, dass die Beteiligten Verantwortung für das Projekt übernehmen.

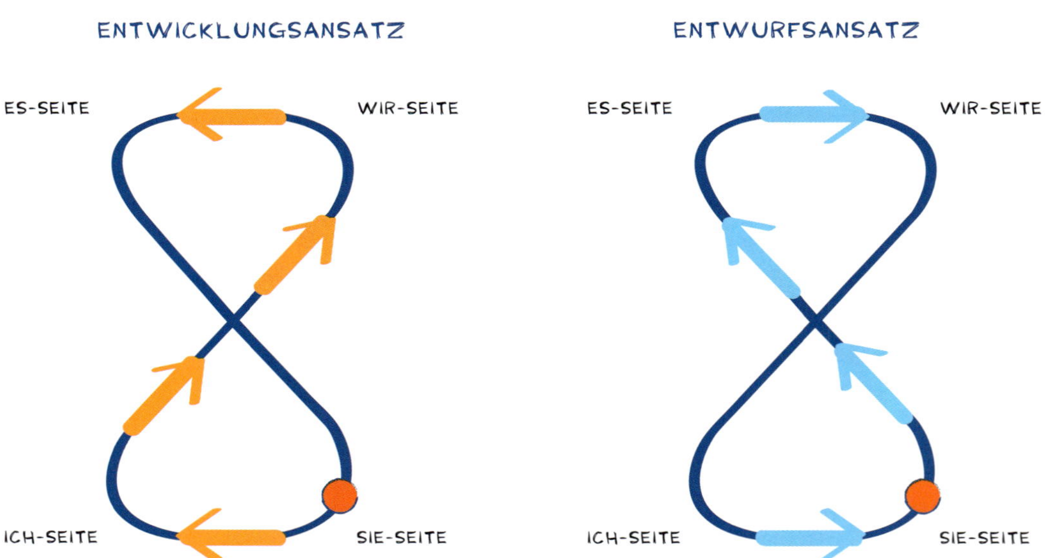

ABBILDUNG 3.5 GESTALTUNGSLEMNISKATE FÜR ENTWURF UND ENTWICKLUNG

Entwurfs- und Entwicklungsansatz spiegeln sich in der Art und Weise wider, wie das Projekt „erstellt" wird. Geschieht dies vorwiegend aus einer Expertenperspektive von einem Entwurfsansatz aus, so macht sich der Projektleiter vom Bedarf des Auftraggebers ausgehend (der Sie-Seite) an die Arbeit, entwirft ein Projekt (die Es-Seite) und sucht anschließend Mitarbeiter dafür (die Wir-Seite und die Ich-Seite). Geht man vorwiegend vom Entwicklungsansatz aus, so wird anhand des Bedarfs eines Auftraggebers (der Sie-Seite) sondiert, wer diese Herausforderung aufgreifen möchte (die Ich-Seite und die Wir-Seite), um anschließend mit diesen Mitarbeitern das Projekt aufzubauen. In der Gestaltungslemniskate ist dieser Ablauf mit Pfeilen wiedergegeben (siehe Abb. 3.5).

Team und relevante Beteiligte in Canvas- und Projektstart-Workshop einbeziehen

Beteiligt am Canvas sind zunächst der Auftraggeber, der Projektleiter und das (vorgesehene) Projektteam. In dieser Phase wird die weitere Ausarbeitung des Projekts darüber entscheiden, welche Kompetenzen und welcher Sachverstand im Projektteam benötigt werden. Erst wenn in der Phase der Projektgestaltung alle Aspekte ausgearbeitet sind, ist genau ersichtlich, welches Wissen und welche Fertigkeiten und Kompetenzen für die Realisierung des Projektergebnisses benötigt werden, und es können die entsprechenden Teammitglieder ausgesucht werden. Die Praxis zeigt jedoch, dass oft auf Grundlage des Bildes, das man sich in der Initialisierungsphase gemacht hat, Klarheit über die für das Projekt erforderlichen Kompetenzen besteht. So lässt sich ein vorläufiges Team zusammenstellen. Die Erfahrung lehrt auch, dass es im Projektverlauf nie zu früh ist, die Personen einzubeziehen, die die Arbeit verrichten werden. Denn die Arbeit mit einem Canvas und die Organisation eines Arbeitstreffens tragen dazu bei, ein gemeinsames Engagement für das Projekt zu entwickeln – am liebsten mit den Personen, die das Projekt umsetzen werden. Sollte das nicht möglich sein, ist es wichtig, diejenigen zusammenzubringen, die einen Überblick über die betreffende Frage haben und anhand ihrer Erfahrung und ihres Sachverstands ermitteln können, welche Entscheidungen für das Projekt getroffen werden sollten. Machen Sie sich bewusst, dass in diesem Fall zu einem späteren Zeitpunkt im Projektverlauf an Gemeinsamkeiten gearbeitet werden muss. Insbesondere wenn Sie als Projektleiter von Beginn an ins Projekt einbezogen sind, könnten Sie geneigt sein, zu wenig Zeit dafür vorzusehen, anderen Teammitgliedern eine Chance zum „Aufholen" zu geben. Das ist aber für den letztlichen Projekterfolg sehr wichtig.

Es ist zu empfehlen, dass neben dem Projektleiter und den Teammitgliedern zumindest zeitweise auch der Auftraggeber anwesend ist. Denn er möchte mit dem Projekt etwas erreichen: ein Problem lösen oder eine Chance ergreifen. Er muss die Ziele festlegen und das Ergebnis des Projekts genehmigen.

Auch an dieser Stelle unterscheiden sich wiederum Situationen, in denen der Auftraggeber bereits ein recht gutes Bild davon hat, was aus dem Projekt hervorgehen soll, und Situationen, in denen es auch für ihn noch viele Optionen, Wahlmöglichkeiten und Fragen gibt. Im ersten Fall ist das Canvas

ein gutes Instrument zur Verarbeitung der Ergebnisse des gemeinsamen Startgesprächs mit dem Auftraggeber zu einem ersten Produkt, das ihm zur Genehmigung vorgelegt werden kann. Im zweiten Fall findet vielleicht weniger ein Startgespräch als vielmehr ein gemeinsamer Suchprozess von Team und Auftraggeber statt.
Stellen Sie sicher, dass Sie bei diesem Treffen das gesamte Wissen und den ganzen Sachverstand versammelt haben, die für Entscheidungen und eine inhaltliche Festlegung des Kerns des Projekts erforderlich sind. Achten Sie darauf, dass keine „unkontrollierbare" Gruppe entsteht, sonst drohen wilde Diskussionen. Oft führen sie weder zu genügend Klarheit noch zu einem hinreichenden Ergebnis, sondern zu langen Betrachtungen. Diese Arbeitssitzung aber sollte zu einem konkreten Ergebnis führen. Dabei ist es unpraktisch, wenn zu viele Personen anwesend sind, die vor allem dabei sein möchten, aber für das Ergebnis nicht wirklich benötigt werden. Personen, die nicht teilnehmen, verpassen einen wesentlichen Teil des Prozesses, der Gemeinsamkeiten schafft. Gelingt es nicht, das gesamte Team zu versammeln, sollten Sie die Sitzung besser auf einen Zeitpunkt verschieben, an dem die Gruppe komplett ist. Das ist der Arbeit in Teilgruppen oder mit unvollständigen Teams vorzuziehen.

Insbesondere bei Projekten, in denen verschiedene Parteien zusammenarbeiten, kann sich herausstellen, dass noch kein ausreichender Konsens über das Ergebnis besteht. Dies wird sich bei der Arbeitssitzung daran zeigen, dass nicht für alle Elemente eine eindeutige Formulierung gefunden wird. In diesem Fall sollten Sie die Sachlage gründlich prüfen. Vielleicht ist dies ein Hinweis darauf, dass das Projekt noch zu sehr in einer Phase der Suche und des Verhandelns verhaftet ist. In solchen Phasen ist Prozessmanagement gefragt und das heißt: Es ist es noch zu früh für ein Canvas. Es ist auch möglich, dass das erforderliche Wissen und der notwendige Sachverstand nicht vorhanden sind. Auch in diesem Fall ist es klug, ein Folgegespräch in Anwesenheit der betreffenden Experten abzuhalten.

Kein Arbeitstreffen ist wie das andere: einige Leitlinien

So wie jedes Projekt ein maßgeschneidertes Vorgehen erfordert, ist auch die erste Anforderung an ein Arbeitstreffen, dass es auf die Situation zugeschnitten ist. Ein solches Treffen ist in Organisationen, bei denen intensiv Projektarbeit betrieben wird und projektbezogenes Denken normal ist, anders als in Organisationen, die damit viel weniger Erfahrung haben oder bei denen unter den regulären Tätigkeiten Projektarbeit die Ausnahme darstellt. Unsere Beschreibung der Planung eines Treffens ist daher vor allem als Inspirationsquelle gedacht, als Zusammenstellung von Aktivitäten und Schritten, mit denen Sie ein auf Ihre Situation abgestimmtes Konzept erstellen können.
Ein Canvas- oder Projektstart-Workshop ist in erster Linie eine Arbeitssitzung. Die dahinter stehende Idee ist, nicht nur über die Herangehensweise an das Projekt

tterstock/Rawpixel.com

zu sprechen, sondern auch gemeinsame Vorstellungen über das Projekt zu entwickeln. Damit ist ein wichtiger Effekt die Schaffung von Gemeinsamkeiten. Sicherlich kann dies Personen, die sich schon länger mit dem Projekt beschäftigen, wie doppelte Arbeit vorkommen. Teammitglieder, die noch nicht so lange beteiligt oder zum ersten Mal dabei sind, erleben dies mit Sicherheit anders. Sie können neue Erkenntnisse und ihr spezifisches Wissen einbringen, was vielleicht zu neuen Ideen und anderen Vorgehensweisen im Projekt führt. Es ist wichtig, dass der Projektleiter Raum dafür lässt.

Wenn Gruppen bislang wenig Erfahrung mit Projekten und in der Arbeit mit dem Canvas haben, ist es sinnvoll, mit einer kurzen Positionsbestimmung zu beginnen. Dabei erläutert der Projektleiter, was ein Canvas ist. Wichtig ist in diesem Zusammenhang auch die Beziehung zwischen Canvas und Projektvertrag. Das Canvas kann dazu beitragen, die wesentlichen Aspekte der Projektarbeit gemeinsam zu ergründen.

Der nächste Schritt ist eine kurze Vorstellung des Projekts. Sie sollte am besten vom Auftraggeber übernommen werden. Er kann mehr über den Hintergrund, das Problem, die Erwartungen und weitere inhaltliche Aspekte des Projekts berichten. Vorzugsweise richtet der Auftraggeber dabei den Fokus verstärkt auf das *Was* des Projekts und weniger auf das *Wie*. So lässt er dem Team den Raum, sich darüber Gedanken zu machen.

Selbstverständlich sind bei der Erstellung eines Canvas auch die unterschiedlichsten praktischen Aspekte zu beachten:

Großen Arbeitsraum organisieren

Sorgen Sie für die Unterbringung in einem Raum, der groß genug ist und viel Bewegungsspielraum bietet. Wichtig ist, dass im Raum mehrere Project Canvas-Versionen aufgehängt werden können. Notlösungen, die entstehen, wenn die Umgebung und die Einrichtungen nicht optimal sind, können viel positive Energie vernichten.
Über die Frage, ob man einen Raum innerhalb oder außerhalb der eigenen Organisation wählen sollte, kann man unterschiedlicher Auffassung sein. Sich außerhalb zu treffen reduziert das Risiko, gestört zu werden, und bietet einen Mehrwert, falls es sich um einen besonderen Raum handelt. Manche bleiben lieber am eigenen Standort, um die Atmosphäre dort zu schaffen, wo später auch die Arbeit stattfinden soll. Ein Raum mit fest eingebauten Tischen ist völlig ungeeignet, denn manchmal möchte man Tische verrücken und Raum schaffen können.

Genügend Material bereitstellen

Das Team benötigt gutes Material in ausreichender Menge. Dazu gehören selbstverständlich an erster Stelle das Canvas im A0-Format und die Hilfsfragen, aber auch Haftnotizen in verschiedenen Größen, ein oder mehrere Flipcharts, gut schreibende Stifte in verschiedenen Farben, Klebeband und Ähnliches.

Die Ergebnisse festhalten

Selbstverständlich ist es praktisch, Fotos zu machen, damit sich Situationen im Nachhinein rekonstruieren lassen, falls sich dies als notwendig erweist. Fotografieren Sie nicht nur das Endergebnis, sondern beispielsweise auch Flipcharts mit zwischenzeitlichen Bestandsaufnahmen. Sorgen Sie dafür, dass einer der Teilnehmer des Canvas-Workshops die Ergebnisse festhält. Nicht nur die Informationen, die letztlich in das Canvas einfließen, sind relevant. Auch Argumente in Diskussionen und zugrunde liegende Erwägungen können für die Ausarbeitung des Canvas zum Projektvertrag von Bedeutung sein. Es ist hilfreich, wenn sie nicht verloren gehen.

Sich schon zu Beginn um die nächsten Schritte kümmern

Organisieren und planen Sie schon im Vorfeld, was auf den Workshop folgen wird. Es ist frustrierend, wenn sich am Ende der Sitzung herausstellt, dass es Wochen dauern wird, bis die nächsten Schritte unternommen werden können, oder niemand Zeit und Freiraum für die Ausarbeitung hat. Es besteht dann die reale Gefahr, dass die aufgebaute Energie verpufft.

Manchmal ist es hilfreich, einen Moderator einzuschalten

Bei Canvas-Workshops kann es manchmal sinnvoll sein, einen Moderator zu bitten, den Prozess in die richtigen Bahnen zu lenken. Bei Projektstart-Workshops, bei denen ebenfalls ein Schwerpunkt auf der Zusammenarbeit liegt, ist es erforderlich, eine gute Begleitung zu organisieren. Für den Projektleiter und andere Projektbeteiligte ist es im Allgemeinen schwierig, dem Teamgeschehen selbst mit genügend Abstand und Unbefangenheit zu begegnen, um ein gutes Ergebnis zu erzielen. Denn sie sind Interessenträger und direkt beteiligt. Die Lösung kann ein Moderator sein, der nicht ins Projekt eingebunden ist.

Die Moderatorenrolle für das Projekt könnte ein externer Berater oder ein Kollege übernehmen. Der Moderator ist dafür verantwortlich, Vorbereitung und Lenkung für drei Schwerpunktbereiche im Zusammenhang zu übernehmen:

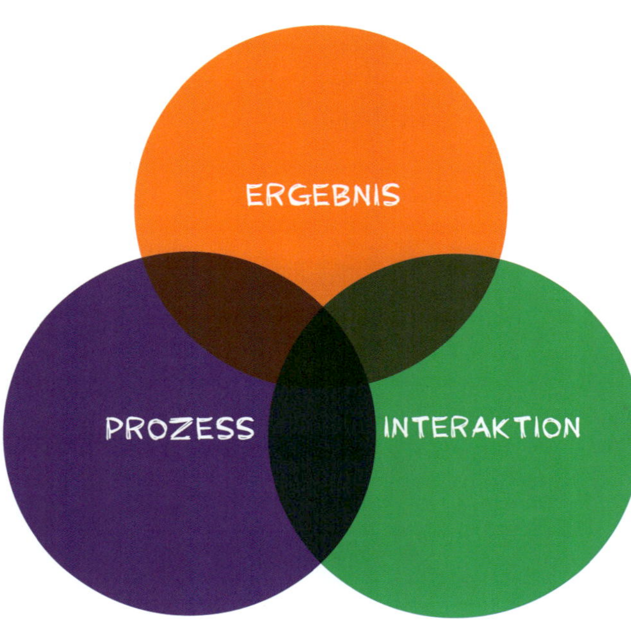

Ergebnis

Der Moderator sorgt dafür, dass im Workshop ein gutes Ergebnis erzielt wird. Dafür ist es erforderlich zu klären, welche Ambitionen die Teilnehmer haben, welche inhaltlichen Themen behandelt werden sollen und was fertiggestellt sein soll, wenn die Sitzung beendet ist. Diese Aspekte sollte er während der Besprechung immer klar vor Augen haben und bei Bedarf lenkend eingreifen.

ABBILDUNG 3.6 AUFGABEN DES MODERATORS

Prozess

Der Moderator organisiert und ermöglicht den Weg zum Ergebnis, wobei der Fokus selbstverständlich auf dem Konzept und auf dem Programm des Treffens liegt, das für jeden Bereich genügend Zeit vorsieht. Das bedeutet auszuarbeiten, über welche Schritte dies erreicht wird. Dabei wird das Augenmerk unter anderem auf die Schaffung von Sicherheit für einen echten Dialog, den Umgang mit Widersprüchen und Ähnliches gerichtet.

Intercktion

Der Moderator trägt dazu bei, dass sich eine optimale Interaktion zwischen den Workshopteilnehmern entwickelt, bei der die Beiträge der Einzelnen ihr volles Potenzial entfalten, und steuert dabei auch auf die Gruppendynamik hin, die das beste Ergebnis erbringen wird. Außerdem spricht er bei Bedarf latente Spannungen an, die das Team behindern.

Ganz gleich, ob Sie selbst als Projektleiter die Arbeitssitzung leiten oder eine andere Person bitten, diese Rolle zu übernehmen, die nachstehenden auf den Erfahrungen von Prozessmoderatoren basierenden Empfehlungen sind in jedem Fall zu beherzigen:

» Programme laufen nie so ab, wie man sich das im Vorfeld gedacht hat. Reagieren Sie auf das Unerwartete und nutzen Sie es. Versuchen Sie nie, Ihr eigenes Programm durchzudrücken, wenn es nicht zu der Dynamik und den Bedürfnissen der Teilnehmer passt.

» Auftraggeber wollen manchmal mehr, als an einem ganzen oder halben Tag machbar ist. Legen Sie im Vorfeld großes Augenmerk auf das Erwartungsmanagement und planen Sie möglichst einen Reservetermin ein für den Fall, dass ein Treffen nicht ausreicht.

» Gruppendynamische und zwischenmenschliche Konfflikte können sehr störend sein und haben immer Vorrang. Sie lenken von den Inhalten ab. Fahren Sie nicht um jeden Preis mit Ihrem Programm fort, sondern stellen Sie das, was sich in der Interaktion abspielt, zur Diskussion.

» Wenn Sie bemerken, dass die Dinge ins Stocken geraten, bauen Sie eine Pause ein und besprechen Sie danach, worüber in dieser Zeit auf dem Gang gesprochen wurde. Das sind oft die Angelegenheiten, die Teilnehmer wirklich betreffen und worüber sie sich Sorgen machen.

» Halten Sie **Energiespritzen** bereit. Schwierige Treffen können viel Energie kosten. Unterbrechen Sie dann kurz den Prozess und bauen Sie einen Spaziergang ein. Diese Zeit holen Sie mit Sicherheit wieder herein.

» Seien Sie immer frühzeitig vor Ort, damit Sie noch Änderungen, z. B. in der Tischanordnung oder der Raumaufteilung, vornehmen und sich anschauen können, wie die Nebenräume aussehen. In diesem Zusammenhang ist es wichtig, dass Sie den Ort kennen (die Raummaße, die verfügbaren Einrichtungen und Ähnliches).

» Legen Sie großes Augenmerk auf den Teamprozess.

Arbeitstreffen erfordern eine forschende Haltung aller Anwesenden

Eine sehr wichtige Funktion des Canvas ist der offene Dialog zwischen den Beteiligten, damit sie sich von Beginn an ein gemeinsames Bild vom Projekt und den damit verbundenen Konsequenzen machen können. Es geht um eine nicht auf Diskussionen, sondern auf Dialog ausgerichtete Grundhaltung. In einem Dialog sucht man gemeinsam nach Anknüpfungspunkten und erwägt in Bezug auf die Fragestellung verschiedene Alternativen. Sie zu finden, erfordert Ruhe, Zeit und Raum.
Die Einbeziehung von Interessenträgern liefert viele Hinweise auf den Kontext, in dem sich das Projekt abspielen wird, und auf möglicherweise vorhandene Einflüsse und Alternativen. Das Canvas verhilft über einen Dialog zu einer gemeinsamen Definition der Realität und einer Formulierung des Ergebnisses. Bewusst Interessenträger mit unterschiedlichen Ansichten einzuladen, leistet dabei einen wichtigen Beitrag, wenn alle Teilnehmer bereit sind, in einen offenen Dialog zu treten, der ausgewogen allen gerecht wird.

Ein Dialog ist etwas vollkommen anderes, als konsensorientiert zu verhandeln, zu diskutieren oder zu debattieren. Die Erfahrung lehrt, dass sich beim konsensorientierten Verhandeln, wenn alle Abstriche machen, ein Kompromiss erzielen lässt, mit dem alle relativ (aber eben nicht wirklich) zufrieden sind. Beim Diskutieren und Debattieren geht es eher um einen Wettbewerb mit Gewinnern und Verlierern. In Diskussionen oder Debatten können Machtfaktoren eine entscheidende Rolle spielen. Oft sind die Teilnehmer in ihrem Denken in Wir-Ihr-Kategorien verhaftet, wobei jeder den anderen davon zu überzeugen versucht, dass er selbst im Recht ist.

DIALOG	DISKUSSION
Sich gegenseitig Raum für Äußerungen lassen	Möglichst viel Redezeit einfordern
Fragen stellen, um einander zu verstehen	Andere überzeugen, dass man selbst im Recht ist
Gesprächsbeiträge der anderen als Input betrachten	Redezeit der anderen als verlorene Zeit ansehen
Zuhören, zusammenfassen, nachhaken	Feuern, nachladen, wieder feuern
Versuchen, sich gegenseitig zu verstehen	Gegenseitig Standpunkte untergraben
Unterschiede in Interessen und Auffassungen prüfen	Argumente der Gegenseite auseinandernehmen
Gemeinsame Einsichten anstreben	Zustimmung für den eigenen Standpunkt wollen

ABBILDUNG 3.7 DIALOG VERSUS DISKUSSION

Ein guter Dialog ist bei der Erstellung eines Canvas hilfreich. Dabei hängt vieles davon ab, ob die richtigen Fragen gestellt werden. Oft verlaufen Dialoge nicht gut, weil die Beteiligten davon überzeugt sind, im Recht zu sein, und daher wenig Raum für die Erkenntnisse anderer lassen. Wirklich wertfrei offen gegenüber den Erkenntnissen anderer zu sein, bereichert den Dialog. Stellen Sie deshalb echte Fragen. Versuchen Sie herauszufinden, was Sie noch nicht wissen, statt eine Bestätigung Ihrer eigenen Ideen zu suchen. Denn je besser der Dialog ist, umso besser wird das Canvas.

Die 4 Projektmanagement-Themen

PROJECT CANVAS PASST IN VIELE PROJEKTMANAGEMENTMETHODEN. DENN GANZ GLEICH, WELCHE AUFFASSUNG MAN DAVON HAT, WIE MAN EIN PROJEKT GESTALTET, UND WELCHER SPRACHE MAN SICH DABEI BEDIENT, ES GIBT IMMER EINE ANFANGSPHASE, IN DER MAN MIT DIREKT BETEILIGTEN PERSONEN EINE MÖGLICHST GENAUE DEFINITION DES PROJEKTS ANSTREBT. DAS CANVAS IST DABEI EIN WERTVOLLES HILFSMITTEL. DOCH DAMIT IST DAS ZIEL NOCH NICHT ERREICHT, DENN DAS MANAGEN EINES PROJEKTS ERFORDERT MEHR. PROJEKTLEITERN STEHEN ZAHLREICHE ANSÄTZE ZUR AUSWAHL.

IN DIESEM KAPITEL GEHEN WIR ETWAS AUSFÜHRLICHER AUF DIE ÜBEREINSTIMMUNGEN ZWISCHEN ZWEI ANSÄTZEN EIN, MIT DENEN WIR ALS AUTOREN UND BERATER VIEL ERFAHRUNG HABEN ODER DEREN MITBEGRÜNDER WIR WAREN: PROJEKTBASIERTES ARBEITEN (PROJECTMATIG WERKEN) UND PROJEKTBASIERTES GESTALTEN (PROJECTMATIG CREËREN).

Projektbasiertes Arbeiten wurde in den 70er-Jahren des 20. Jahrhunderts im Buch *Projectmatig werken* von Gert Wijnen, Peter Storm und Willem Renes beschrieben. In den Anfangsjahren entwickelte das niederländische Organisationsberatungsunternehmen Twynstra Gudde insbesondere die methodische Seite.
Später kam der Aspekt der Organisationslehre hinzu (u. a. beschrieben in *Werken in projecten* von Rudy Kor, 2015). Projektbasiertes Gestalten wurde im Buch *Projectmatig creëren* von Jo Bos und Ernst Harting beschrieben, das 1998 erschien (überarbeitete Ausgabe 2005). Es erweitert die Ideen der Projektarbeit insbesondere um Aspekte der Selbstführung und des von individueller Inspiration und Begeisterung ausgehenden Arbeitens sowie Prinzipien der Co-Kreation.

PROJEKTBASIERTES GESTALTEN

Projektbasiertes Gestalten wurzelt in der Überzeugung, dass:

» Menschen, sofern die richtigen Bedingungen geschaffen wurden, ihre kreativen Fähigkeiten, ihre Inspiration, ihre Energie und ihr Wissen gut einsetzen wollen, um gemeinsam ein optimales Projektergebnis zu realisieren;

» die Motivation von Menschen weniger im vorwiegend auftragsgesteuerten Arbeiten liegt, sondern eher im Bieten des Handlungsspielraums und der persönlichen Freiheit, innerhalb eines klaren Rahmens eigene Entscheidungen zu treffen; dies sind daher wichtige Grundsätze der Projektsteuerung;

» Menschen gerne dazu bereit sind, ihr Fachwissen, ihren Sachverstand und ihre Professionalität einzusetzen, wenn ihnen der Raum dafür gelassen wird.

Optimales Projektmanagement bedeutet daher herauszufinden, wie sich kreative Kraft in einem Projekt nutzen lässt. Das Geheimnis liegt im richtigen Einsatz von Gestaltungskraft, Kooperationskraft, persönlicher Kraft und nährender Kraft: oder dem Es, Wir, Ich und Sie der Gestaltungslemniskate. In einem reibungslos verlaufenden Projekt ist die Energie der vier Kräfte deutlich spürbar. Alle Beteiligten arbeiten gemeinsam auf Basis eigener Inspiration und aus eigener Überzeugung an einem gemeinsamen Ergebnis. Dies führt dazu, dass das Projekt mit viel mehr Energie und Überzeugung durchgeführt wird und wesentlich weniger Kontrolle erforderlich ist, um alles in die richtigen Bahnen zu lenken. Selbstverständlich findet Projekt-Controlling statt, aber nicht, weil es eine klar geordnete „blaue" Kontrollstruktur gibt, sondern weil die Beteiligten so engagiert sind, dass die Vereinbarungen eingehalten und die Planungen realisiert werden. Ohne viel Druck und Struktur.

ABBILDUNG 4. 1 DIE GESTALTUNGSLEMNISKATE DES PROJEKTBASIERTEN GESTALTENS

Alle vier Aspekte sind für das Projektbasierte Gestalten gleichermaßen wichtig. Projekte können nicht ohne Verwurzelung in einem eindeutigen Bedarf, ohne persönliches Engagement, ohne optimale Zusammenarbeit im Team, aber auch nicht ohne eine gute Projektdefinition und eine ausgeklügelte Projektplanung auskommen.

PROJEKTBASIERTES ARBEITEN

Projektbasiertes Arbeiten wurzelt in der Überzeugung, dass Projekte nur dann erfolgreich verlaufen, wenn das Denken und Handeln aller Beteiligten auf einer Ergebnisorientierung basiert. Zwar spielen Aspekte wie individuelle Interessen und politische Spielchen eine Rolle, aber sobald diese die Oberhand gewinnen, wird professionelle Projektarbeit unmöglich. Beim Projektbasierten Arbeiten gelten einige zentrale Grundsätze:

» Den Beteiligten ist bewusst, dass Routineaufgaben anders gemanagt werden als einmalige Aufgaben, und sie treffen deshalb für die einzelnen Projekte Vereinbarungen bezüglich Ziel und Ergebnis.

» Eine Person übernimmt die Rolle des Auftraggebers: eine Person, die in der Lage ist, Voraussetzungen für die Umsetzung und Implementierung des Projektergebnisses zu schaffen.

» Die Verantwortung für die Formulierung und das Erreichen der Ziele und die Verantwortung für die Übergabe des Ergebnisses sind getrennt (erstere liegt beim Auftraggeber, letztere beim Projektmanager).

» Bevor der Projektleiter die Arbeit aufnimmt, lässt er den Projektplan vom Auftraggeber genehmigen.

» Für die jeweiligen Projekte wird eine einmalige Organisation aufgebaut, die durch eine klare Verteilung von Zuständigkeiten und Befugnissen gekennzeichnet ist.

» Auf geänderte Umstände wird flexibel und gelassen reagiert: Veränderungen sind normal.

In jedem Projekt ist Aufmerksamkeit für die vier miteinander in Zusammenhang stehenden Prozesse notwendig (Abbildung 4.2).

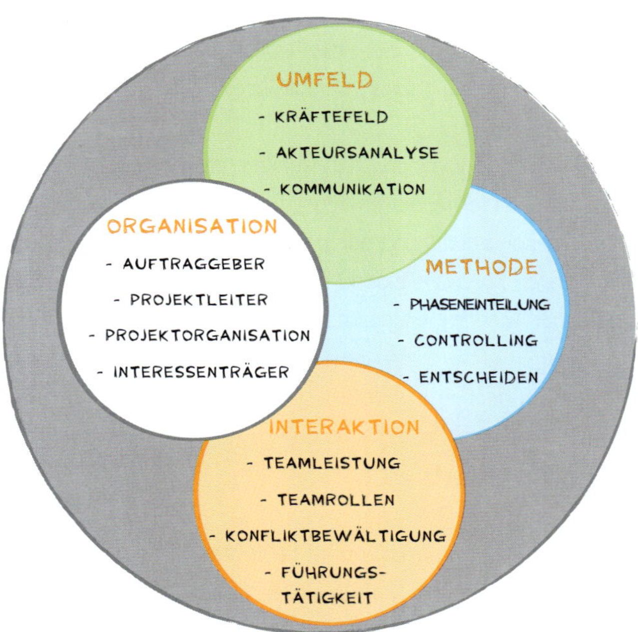

ABBILDUNG 4.2 DIE 4 PROZESSE DES PROJEKTBASIERTEN ARBEITENS

Diese vier Prozesse sind alle gleich wichtig und das Augenmerk auf jedem Prozess hängt von den unterschiedlichsten Faktoren ab, z. B. der Projektphase, der Komplexität des Umfelds, der Erfahrung der Teammitglieder in der gegenseitigen Zusammenarbeit u. Ä. Folglich verlangt Projektbasiertes Arbeiten von allen Beteiligten situatives Handeln, Disziplin, Einsatz und Flexibilität.

Projektmanagement erfordert Aufmerksamkeit für vier Themen

Aus den Beschreibungen des Projektbasierten Arbeitens und des Projektbasierten Gestaltens geht hervor, dass beim Projektmanagement das zu erzielende Ergebnis im Mittelpunkt steht. Doch die Energie richtet sich nicht nur auf ein klar definiertes Ziel und Ergebnis, denn mindestens ebenso wichtig ist, dass der Weg dorthin gemeinsam festgelegt wird: Welche Aktivitäten oder Tätigkeiten müssen durchgeführt bzw. verrichtet werden und welche nicht? Welche Zwischenstationen werden passiert, welche Meilensteine sind erkennbar? Ein Projekt kommt niemals in die Gänge, wenn rein methodisch vorgegangen wird, das heißt Pläne erstellt und Pläne eingehalten werden. Es ist auch wichtig, das Augenmerk auf die Zusammenarbeit zwischen den Projektteammitgliedern und die Interessen von Personen und Parteien im Projektumfeld zu richten. Außerdem ist eine klare und akzeptierte Verteilung von Aufgaben, Zuständigkeiten und Befugnissen erforderlich.

Unsere Ansätze stellen die Sprache und die Hilfsmittel bereit, um diese Aktivitäten und Tätigkeiten möglichst genau festzulegen, zu beschreiben und zusammenzufassen. Dadurch wissen diejenigen, die einen Beitrag zu einem Projekt leisten werden, was sie in welcher Reihenfolge und wie tun sollen. Die weitere Erläuterung unserer Ansätze behandeln wir in vier Themenbereichen, die die ständige Aufmerksamkeit aller Beteiligten verlangen:

1. **Inhalt**: Vereinbaren, warum das Projekt notwendig ist und was damit konkret realisiert wird.

2. **Organisation**: Das Augenmerk auf die Zusammenarbeit im Team richten; Aufgaben, Zuständigkeiten und Befugnisse verteilen; wissen, was Interessenträger erwarten.

3. **Vorgehensweise**: Vereinbarungen treffen, wie das Ergebnis geplant zustande kommt und welches Arbeitsverfahren sich dafür am besten eignet.

4. **Controlling**: Zeitliche, ffinanzielle und qualitative Anforderungen und andere Kontrollaspekte wie Information, Organisation und Kommunikation formulieren und überwachen.

Vereinbaren, warum das Projekt notwendig ist und was damit konkret realisiert wird.

In Kapitel 2 haben wir die fünf Themenbereiche ausführlich behandelt, die zu Beginn eines Projekts verdeutlicht werden. Diese fünf Elemente lassen sich mit dem Akronym HPZEA abkürzen: Hintergrund, Problem/Herausforderung, Ziel, Ergebnis und Abgrenzung. Im Interesse der Lesbarkeit und der Effizienz beschäftigen wir uns im Folgenden nur mit den zentralen Begriffen: *Ziel*, *Ergebnis* (was es ist) und *Abgrenzung* (was es nicht ist).

Ein Projekt, das nicht in einem eindeutigen Bedarf wurzelt und sich nicht aus einem Existenzgrund speist, kann nicht lebensfähig sein. Es muss jemandem schlaflose Nächte bereiten, wenn das Projekt nicht realisiert wird, entweder weil diese Person Träume hat, für die das Projekt wichtig ist, oder ein bestimmtes Problem gelöst werden muss. Je stärker die Erwartungen sind, die die Benutzer mit dem Ergebnis verbinden, desto energiereicher wird das Projekt sein. Eine Rolle spielt auch die Verbindung zur Außenwelt oder zum Projektumfeld, den Parteien, die als Stakeholder beteiligt sind und Interessen haben. Weitere wichtige Fragen sind deshalb:

» Wer wartet auf das Projektergebnis?

» Gibt es erkennbare Benutzer des Projekts bzw. Projektergebnisses und welchen Nutzen ziehen sie daraus?

» Wer ist der Auftraggeber und was erwartet er vom Projekt?

» Wie lässt sich ein Einblick in das Kräftefeld um das Projekt verschaffen?

» Welche (politischen) Interessen liegen in Bezug auf das Projekt vor und welche Auswirkungen haben sie auf Risiken, Fortgang, Durchlaufzeit usw.?

ZIELE: VERDEUTLICHEN SIE, WAS MIT DEM PROJEKT ERREICHT WERDEN WIRD

Es gibt ein Projekt, weil eine Person mit dem Projekt etwas erreichen will: die Ziele. Ziele liegen immer in der Zukunft. Die Suche nach Zielen beantwortet die Fragen, warum das Projekt in Gang gesetzt wird und was zu gegebener Zeit anders sein wird. Ziele sind auch Prüfsteine für das gelieferte Projektergebnis. Letztlich gibt es das Projekt, um das Zustandekommen eines im Vorfeld formulierten Ergebnisses zu ermöglichen und auf diese Weise Ziele zu verfolgen (und damit eine Gelegenheit zu ergreifen oder Probleme aus dem Weg zu räumen).
Ein Ziel ist eine gewünschte zukünftige Situation. Es handelt sich dabei um eine gewünschte, klar definierte Situation, die soweit möglich zu einem vorbestimmten Zeitpunkt erreicht sein soll. Das festgelegte Ziel ist die Ausgangsbasis für die Formulierung des Projektergebnisses.

Die Praxis zeigt, dass viele Ziele so formuliert sind, dass sich später nur schwer feststellen lässt, ob sie tatsächlich erreicht wurden. Das ist bei „ER-Zielen" der Fall, z. B. schönER, freundlichER, beweglichER, mächtigER, umsatzstärkER, ertragreichER, statusreichER usw. Natürlich haben Ziele mit solchen Formulierungen auch eine Funktion. Sie beschreiben ein Ideal, an dem man sich orientieren kann.
Sollen Ziele ihre Lenkungsfunktion tatsächlich erfüllen, so müssen sie den SMART-Anforderungen entsprechen, das heißt, spezifisch, messbar, akzeptabel, realistisch und terminiert sein.

SMART

- **Spezifisch** bedeutet, dass die Merkmale der gewünschten Situation genau deffiniert sind. Nicht speziffisch genug ist beispielsweise ein Ziel, das wie folgt formuliert ist: In zwei Jahren soll es im Stadtviertel A weniger Kinder mit Übergewicht geben. Denn es ist unklar, um welche Kinder, Altersgruppe, Jungen oder Mädchen usw. es geht.
- **Messbar** heißt, dass sich auf irgendeine Art und Weise feststellen lässt, in welchem Maße die Ziele erreicht sind. Jedes Ziel lässt sich messbar machen, vorausgesetzt, es werden genügend Anstrengungen unternommen, sowohl eine gute Norm als auch eine möglichst objektive Messmethode zu ffinden, die von den meisten Beteiligten mangels einer besseren akzeptiert wird, oder weil sie die denkbar beste ist. Ein Beispiel für ein speziffisches (und messbares) Ziel in einer Einrichtung des Gesundheitswesens: In 1 Jahr werden mindestens 15 % des Behandlungsangebots für Kinder mit Übergewicht in Form einer App angeboten.
- **Akzeptabel** bedeutet, dass die Mitarbeiter dazu bereit sind, sich für das Erreichen der formulierten Ziele einzusetzen. In der Regel fördert es die Bereitschaft, wenn diese Ziele anspruchsvoll, aber erreichbar sind.
- **Realistisch** heißt, dass die Beteiligten das Ziel erreichen können. Die Ziele sind nicht so hoch gesteckt, dass sie gar nicht erst in Angriff genommen werden.
- **Terminiert** bedeutet, dass Klarheit über den Endtermin sowie über zwischenzeitliche Messungen besteht.

Was oft vergessen wird ist die Notwendigkeit, ständig über die Ziele zu kommunizieren, und zwar immer wieder auf allen Ebenen. Alle Beteiligten müssen die Ziele kennen, die verfolgt werden sollen. Messbare, anspruchsvolle, aber erreichbare Ziele, die den Ausführenden nicht bekannt sind, werden nur rein zufällig realisiert werden. Meist beabsichtigen Auftraggeber und Projektleiter tatsächlich, ihrem Umfeld die Ziele zu vermitteln, aber oft wird nichts daraus. Gut brauchbare Ziele sind prägnant formuliert. Inspirierend sind Ziele, wenn die Teammitglieder ihren Nutzen erkennen, und zwar den für sich selbst, die Organisation oder die Gesellschaft, und wenn man sich an sie binden will und kann. Engagement und Bindung entstehen, wenn Menschen auch eigene persönliche Ziele verfolgen können.

Wenn es bei Zielen um gewünschte Situationen geht, ist es manchmal auch hilfreich zu beschreiben, welche *unerwünschten Effekte* möglicherweise auftreten könnten. Diese werden auch als *externe Effekte* oder *Lasten* (im Gegensatz zu Nutzen) bezeichnet. Die Beschreibung bietet eine Orientierungshilfe, wenn sie tatsächlich zu entstehen drohen.

Bei manchen Methoden wird anstelle des Begriffs „Ziele" die Bezeichnung „Nutzen" verwendet. Beim *Nutzen* geht es um monetär Messbares, z. B. zusätzliche Einsparungen in Höhe von 2 Mio. oder eine Ertragssteigerung um 10 Mio. Doch er lässt sich auch als Rückgang der krankheitsbedingten Fehlzeiten um 1 % oder eine Senkung der Jugendkriminalität um 3 % ausdrücken. Einige Leser werden jetzt anmerken: Das sind doch Ziele, die messbar sind. Unseres Erachtens ist das zwar richtig, aber es besteht dennoch ein kleiner Unterschied zu messbaren Zielen.

Ein Nutzen erfordert eine Person, die sich bereits zu Beginn des Projekts für das Erzielen des Nutzens verantwortlich fühlt. Dabei handelt es sich niemals um den Projektleiter, denn der Nutzen wird erst nach Beendigung des Projekts abgeworfen. Der Projektleiter ist für die Übergabe des zugesicherten Ergebnisses verantwortlich. Der Auftraggeber trägt die Verantwortung für das Erreichen des Ziels und kann sie gleich an Personen delegieren, die für einen oder mehrere Nutzenaspekte verantwortlich sind. Manchmal lässt sich der Nutzen nicht richtig konkretisieren oder messbar machen. Das kann damit zusammenhängen, dass er als solcher nicht sofort messbar ist oder Messdaten nur schwer zu bekommen sind.

Ziele sind nicht machbar und sie können weder erzwungen noch versprochen werden. Ob ein Ziel letztlich erreicht wird, hängt von den unterschiedlichsten Faktoren wie der Bereitschaft und den Möglichkeiten zu einer Verhaltensänderung ab, z. B. bei der Zielgruppe des Projekts. Eine Informationskampagne für gesunde Ernährung mit Broschüren und ausgestrahlten Fernsehspots als Ergebnis lässt sich in Projektform organisieren. Ob jedoch nach dem Lesen der Broschüre und dem Ansehen der Fernsehspots tatsächlich gesünder gegessen wird, ist Ergebnis der unterschiedlichsten Prozesse, die sich nur zum Teil beeinflussen lassen. Die Einrichtung flexibler Arbeitsplätze in einem Büro kann im Rahmen eines Projekts verwirklicht werden, aber der gewünschte Effekt, dass die Mitarbeiter effizienter arbeiten werden, lässt sich nicht garantieren.
Ziele sind höchstens bis zu einem gewissen Grad beeinflussbar, weil angenommen werden kann, dass bestimmte Ergebnisse zu gewünschten Effekten führen werden.

ERGEBNIS: WAS IST AM ENDE DES PROJEKTS FERTIG?

Sind die Projektziele bekannt, stellt sich die Frage, wie sie zu erreichen sind. Schließlich gibt es viele Wege, um ein Ziel zu erreichen. Aus der Vielzahl möglicher Ergebnisse muss der Auftraggeber eines auswählen, das seines Erachtens den größten Beitrag zum Erreichen der Ziele leistet.
Das *Ergebnis* ist das, was am Ende des Projekts übergeben wird – greifbare Produkte, die erstellt werden und das Erreichen des Ziels ermöglichen sollen.

Bei Überlegungen im Hinblick auf *Ziele* und *Ergebnisse* blickt man nicht mehr zurück (wie bei *Hintergrund* und *Problem*), sondern im Gegenteil in die Zukunft. Projekte helfen, die Kluft zwischen heute (Probleme und Ziele) und morgen (Effekte) durch das Liefern von Ergebnissen zu überbrücken.

Einer der wichtigsten Schritte im Projektverlauf ist die Formulierung des Ergebnisses. Viele Projekte misslingen, weil das Ergebnis nicht sorgfältig genug formuliert wurde. Auf Grundlage der Ergebnisbeschreibung können die inhaltlichen Tätigkeiten festgelegt werden. Wenn das Ergebnis nicht hinreichend konkret formuliert wurde, lassen sich auch die Tätigkeiten nicht richtig festlegen. In der Folge können auch die Managementpläne nicht erstellt werden.

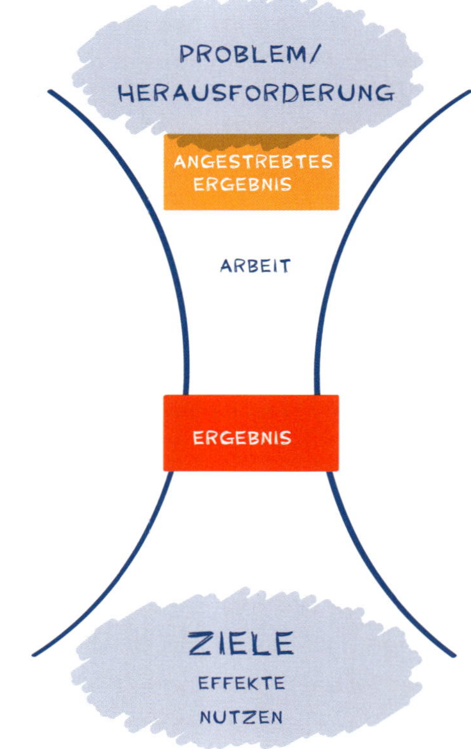

ABBILDUNG 4.3 DAS ERGEBNIS IM FOKUS DES PROJEKTS

Synonyme für das Projektergebnis sind unter anderem: Produkt, Liefergegenstand, Mittel, Output und Gegenstand. Welche Bezeichnung gewählt wird ist nicht so wichtig, solange Konsens über das Projektergebnis herrscht. Solange keine Einigkeit über das angestrebte Projektergebnis besteht, ist Projektarbeit unmöglich.
Ohne diesen gemeinsamen Bezugspunkt lassen sich keine Tätigkeiten entwickeln oder verteilen, keine Aufgaben, Zuständigkeiten und Befugnisse festlegen, die benötigten Mittel nicht bestimmen usw.

Während ein Ziel eine Absicht angibt, gibt eine Ergebnisbeschreibung der Energie der Zusammenarbeitenden eine Richtung. Je klarer die Antwort auf die Frage ausfällt – *was ist am Ende fertig?* – , desto klarer ist allen, warum sie das tun, was sie tun. Nicht nur die Mitarbeiter, sondern auch die Außenwelt wissen dann genau, woran die Mitglieder des Projektteams arbeiten.

Die Ergebnisbeschreibung muss 3 Anforderungen erfüllen:

1 Erstens muss die Ergebnisbeschreibung **konkret** formuliert sein. Die Formulierung sollte verständlich und nicht mehrdeutig sein. Wäre die Person, die sie verfasst hat, morgen quasi wie vom Erdboden verschluckt, müsste die Beschreibung des Projektergebnisses für die Übrigen noch brauchbar, verständlich und reproduzierbar sein. Die Ergebnisbeschreibung muss es ermöglichen, am Ende des Projekts zu prüfen, ob das zu Beginn Versprochene tatsächlich geliefert wurde. In engem Zusammenhang damit steht der Realitätsgehalt der Ergebnisbeschreibung.

2 Zweitens muss das beschriebene Ergebnis **erreichbar** sein. Projektergebnisse sollten auf Grundlage des vorhandenen Wissens der Beteiligten und der von ihnen organisierbaren Mittel erreichbar sein. Keine Rolle spielt in diesem Zusammenhang, ob irgendwo auf der Welt bereits ein ähnliches Projekt durchgeführt wurde. Die am betreffenden Projekt beteiligten Personen müssen der eigenen Einschätzung nach in der Lage sein, das Ergebnis zu realisieren. „Erreichbar" bezieht sich auf verschiedene Gesichtspunkte, z.B. die technische Machbarkeit (ist das notwendige Wissen vorhanden, lassen sich Mittel organisieren) und die soziale Erreichbarkeit oder Akzeptanz (ist es zulässig, gestatten relevante Beteiligte wie die Mitarbeiter, das Linienmanagement, die Gesellschaft und die Kunden überhaupt das Zustandekommen des Ergebnisses?). Darüber hinaus kann die Machbarkeit aus einer rechtlichen,fifinanziellen oder politischen Perspektive beurteilt werden.

3 Drittens muss das Ergebnis **durchsetzbar** sein. Das heißt, dass der Auftraggeber über ausreichende Befugnisse verfügt, aufgrund seiner Stellung die Realisierung des Ergebnisses und die damit in Zusammenhang stehenden Tätigkeiten per Beschluss aufzuerlegen. Denn der Auftraggeber kann die Befugnisse, die er nicht hat, nicht delegieren.

Das Projektergebnis ist für die Realisierung der formulierten Ziele notwendig. Beispiele dafür sind Ergebnisse wie eingeführte neue Arbeitsverfahren, entwickelte Schulungen zum Thema Patientenfreundlichkeit, neue Gesetzestexte, ein eingerichtetes Konferenzzentrum und Produkte anderer Art, mit denen sich den Erwartungen zufolge Ziele erreichen lassen.
Auffallend viele Projekte beginnen mit vagen Beschreibungen. Beschreibungen, die sich eigentlich nur mittels Improvisation aufgreifen lassen. Es liegt dann oft ein Auftrag vor, der nicht viel mehr aussagt als: Finden Sie eine Lösung; machen Sie etwas. Für professionelles Projektbasiertes Arbeiten sind Aufträge dieser Art vollkommen ungeeignet. Das Hauptmerkmal des Projektmanagements ist die Ergebnisorientierung: Die Beteiligten vereinbaren zu Projektbeginn, welches (einmalige) Ergebnis übergeben werden wird.

ABGRENZUNG: WELCHES ERGEBNIS LIEFERT DAS PROJEKT NICHT?

Zur Vermeidung von Missverständnissen ist es sinnvoll zu klären, was nicht zum Projekt gehört und was demnach außerhalb liegt. Es ist wichtig, dass allen bewusst ist, dass bestimmte Dinge vom Projekt und vom Projektleiter nicht erwartet werden dürfen. Daher wird bei diesem Element unter anderem erläutert, welche möglicherweise erwartbaren Ergebnisse nicht Teil des Projekts sind. Anders formuliert: Es geht um Erwartungsmanagement.

Bei Projekten sollte nicht nur beschrieben werden, was dazu gehört, sondern auch, was außerhalb des Projekts liegt: Wo verlaufen die Grenzen? Was liegt außerhalb? Eine klare *Abgrenzung* von Projekten relativiert die unterschiedlichsten impliziten oder expliziten Erwartungen der Interessenträger. Bei einem Projekt, dessen Ergebnis eine neue App für Studierende ist, lautet die Abgrenzung beispielsweise wie folgt: kein Informationsmaterial für Nichtstudierende, kein Link zu Prüfungsergebnissen, keine Einrichtung einer Managementorganisation. Es kann viel Ärger verursachen, wenn über Angelegenheiten dieser Art nicht von Beginn an Klarheit besteht.

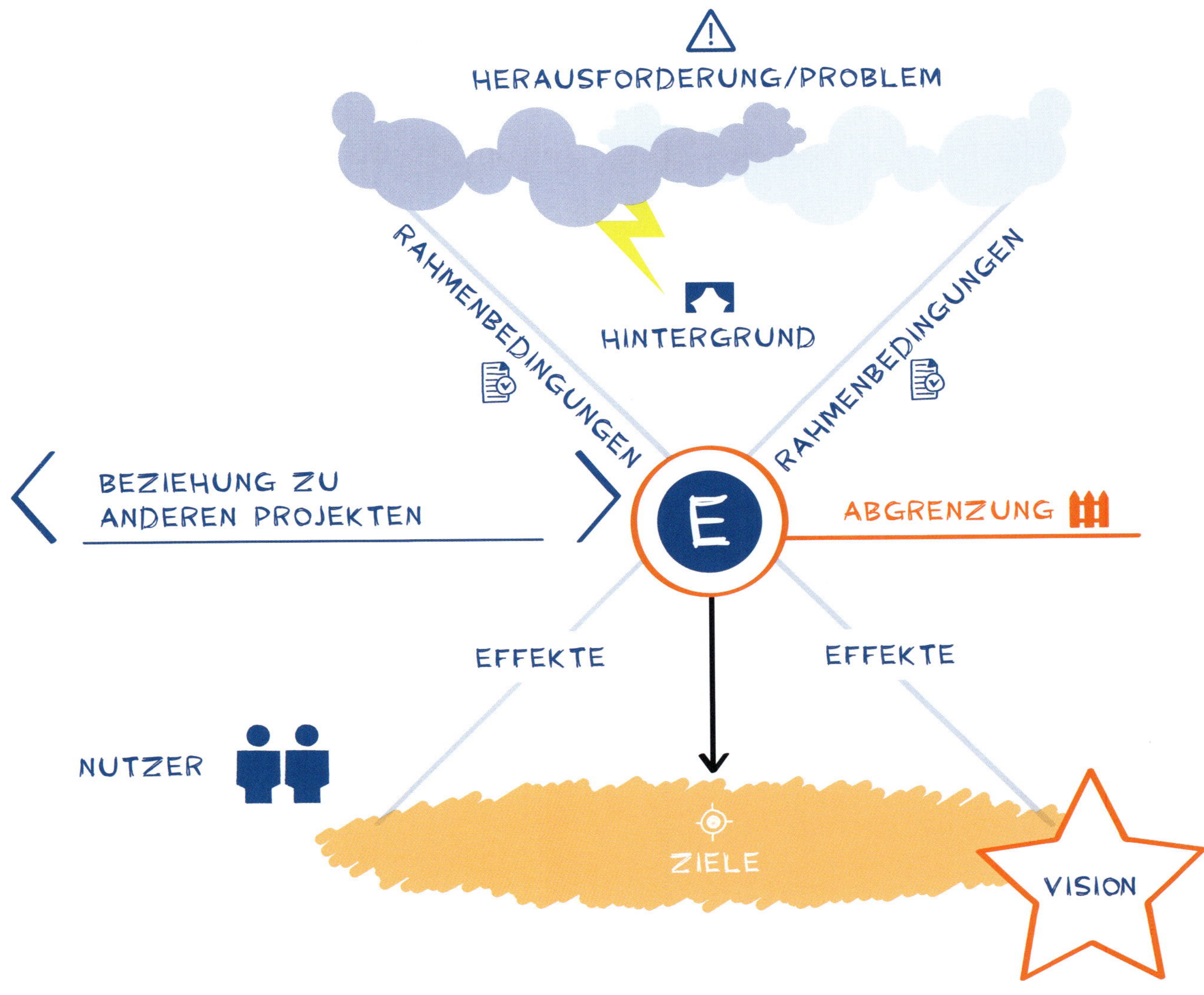

ABBILDUNG 4.4 DAS ZENTRUM DES PROJEKTS

Thema 2 Organisation

Das Augenmerk auf die Zusammenarbeit im Team richten; Aufgaben, Zuständigkeiten und Befugnisse verteilen; wissen, was Interessenträger erwarten.

Ein Projekt ist eine zeitlich befristete, auf die Realisierung eines vereinbarten Ergebnisses ausgerichtete, mehrere Personen umfassende Arbeitsgemeinschaft. Misslingt die Zusammenarbeit, kommt wenig zustande. Deshalb geht es darum, normalerweise nicht zusammenarbeitende Personen in die Lage zu versetzen, effektiv miteinander zu arbeiten. Dies verlangt vom Projektleiter Führungskompetenzen und von allen Beteiligten Selbstführung und Sensibilität für den Teambildungsprozess. Im Folgenden geht es um die sozialen Aspekte und die Beziehungsaspekte, die in Projekten und deren Umfeld eine Rolle spielen. Nicht nur in Bezug auf die Zusammenarbeit im Projektteam, sondern insbesondere auch auf die Kooperation mit anderen Parteien, z. B. mit der Linienorganisation. Dabei geht es um Fragen wie:

» Wie funktioniert die Zusammenarbeit im Projektteam?

» Haben wir die richtige Teamzusammensetzung für den Auftrag?

» Wie stellen wir ein Gleichgewicht zwischen den Qualitäten des Teams und dem Projektauftrag her?

» Wie kann eine reibungslose Kooperation zwischen dem Projektteam und anderen Organisationen erreicht werden?

BEI TEAMARBEIT SIND HARTE ARBEIT UND GUTER WILLE GEFRAGT

Ein Projektteam kann definiert werden als: eine Gruppe von Personen mit komplementären Kompetenzen, die sich für ein gemeinsames Ergebnis einsetzen und zur Erzielung dieses Ergebnisses eine Arbeitsweise vereinbaren, für die sie sich selbst zur Rechenschaft ziehen.

MERKMALE EINES PRODUKTIVEN TEAMS

- Es wird psychologische Sicherheit geboten; Teammitglieder trauen sich zu widersprechen, ohne dass ihnen dies unangenehm ist.
- Teammitglieder können aufeinander zählen; sie liefern fristgerecht gute Arbeit.
- Allen Teammitgliedern ist der Auftrag klar und er wird akzeptiert.
- Im Team herrscht eine informelle, entspannte Atmosphäre.
- Die Gruppenmitglieder hören einander zu. Jeder Idee wird Aufmerksamkeit gewidmet. Es ist Raum für verschiedene Meinungen vorhanden.
- Beschlüsse werden, wo immer möglich, auf Konsensbasis getroffen. Förmliche Abstimmungen werden möglichst selten durchgeführt.
- Der Teamleiter dominiert die Gruppe nicht und die Gruppe fühlt sich nicht abhängig von ihm. Wo möglich und sinnvoll wird das Prinzip der wechselnden Führung verfolgt.

Für den Erfolg von Projektteams ist es wichtig, dass ein Gefühl gemeinsamer Verantwortung besteht. Das bedeutet, dass jedes Mitglied Einfluss auf das Endergebnis sowie die Entscheidungsfindung und die Arbeitsweise hat. Gemeinsame Verantwortung bedeutet nicht, dass man sich der eigenen Verantwortung entzieht oder jeden für alles verantwortlich sein lässt. Das gewünschte Verhalten ist: etwas füreinander übrig haben und voneinander übernehmen, sich gegenseitig aktiv unterstützen und für das zu liefernde Ergebnis Sorge tragen.

Projektteams geraten immer wieder in die Falle, dass niemand sich traut, sich zu seiner Meinung zu bekennen oder Nein zu sagen. Dies wird auch als *Abilene-Paradox* bezeichnet. Da die Atmosphäre so gut ist, möchte man niemanden enttäuschen (und vielleicht ist deshalb die Atmosphäre so gut ...). Differenzen werden nicht artikuliert und Konflikte vermieden oder kaschiert. Man erkennt es, wenn niemand von einem Vorschlag wirklich begeistert ist oder wenig Kritik geäußert wird.

Kurz zusammengefasst: Das Abilene-Paradox beschreibt eine Situation, in der eine Gruppe von Personen gemeinsam eine Entscheidung trifft, die der persönlichen Präferenz jedes einzelnen Gruppenmitglieds zuwiderläuft. Es bezieht sich auf eine verbreitete Form der Fehlkommunikation, bei der jedes Teammitglied fälschlicherweise der Meinung ist, die eigene Präferenz stehe im Widerspruch zur Präferenz des Teams, und deshalb keine Einwände erhebt.

Die Bezeichnung „Abilene-Paradox" bezieht sich auf eine Situation in der Stadt Abilene in Texas: Eine Familie fährt an einem heißen Tag in diese Stadt, um in einem Restaurant essen zu gehen. Zwar wollten eigentlich alle Familienmitglieder lieber zu Hause bleiben, aber niemand sagte das, weil jeder dachte, die anderen wollten in die Stadt fahren.

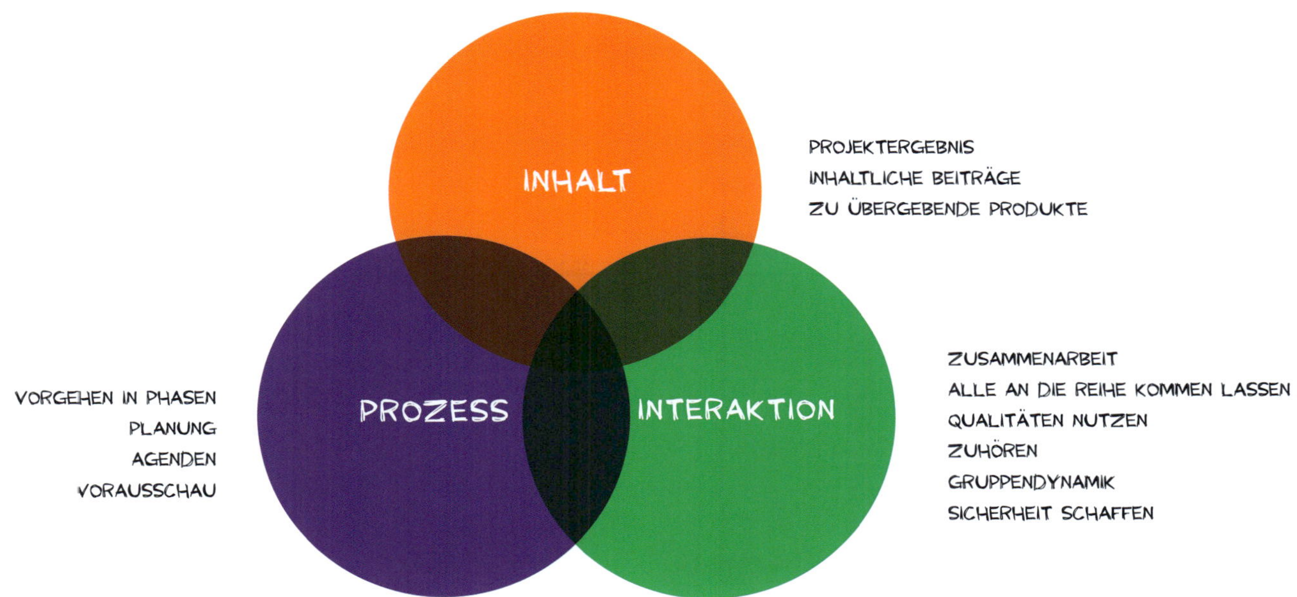

ABBILDUNG 4.5 INTERVENTIONEN BEZÜGLICH INHALT, PROZESS UND INTERAKTION IN EINEM PROJEKT

Eine Möglichkeit, die in Projektteams meist nicht genügend genutzt wird, ist, zwischendurch das Funktionieren des Teams zu evaluieren. Inhaltliche Arbeit steht im Vordergrund. Ein effizienter, gradliniger Stil wird geschätzt und „Herumnörgeln" an der Interaktion als verlorene Zeit betrachtet. Möglicherweise wird das Funktionieren des Teams auch deshalb nicht thematisiert, weil Hemmungen bestehen, über die gegenseitige Interaktion zu sprechen, z. B., weil man sich noch nicht so gut kennt. Eine Bemerkung eines Einzelnen, der doch den „Mut" aufbringt, wird dann nicht beachtet oder als unwillkommene Störung beiseitegeschoben. In diesem Fall wird nicht hinreichend wahrgenommen, dass solche Bemerkungen darauf hinweisen, dass jemand Probleme mit dem Gang der Dinge hat. Doch auch wenn man sie nicht thematisiert, wird die Interaktion „von sich hören lassen". Sie findet entweder einen Weg über die informelle Kommunikation oder es findet eine Vermischung mit Inhalten statt: Jeder kennt das Phänomen, dass Menschen sich nicht einigen können, weil sie untereinander einen Machtkonflikt austragen.

AKZEPTIEREN SIE, DASS KONFLIKTE TEIL VON PROJEKTEN SIND (NICHT IGNORIEREN)

In Projektteams ist es notwendig, dass die Beteiligten zu einem konstruktiven Umgang mit Konflikten bereit sind. Denn Projekte führen immer zu Konflikten (auch das beste Projekt!). Dabei kann es sich z. B. um Konflikte in Bezug auf Prioritäten, die Verteilung knapper Ressourcen wie Arbeitskraft und finanzielle Mittel, persönliche Differenzen sowie die Art der Implementierung des Projektergebnisses handeln.

KONFLIKT

Es liegt ein zwischenmenschlicher Konflikt vor, wenn mindestens einer der Beteiligten der Meinung ist, ein anderer wolle ihn behindern.

Bemerkenswert an der Beschreibung des Begriffs „Konflikt" sind die Begriffe „Meinung" und „behindern". Die Ausgangsbasis ist die Meinung einer Person und damit steht die Subjektivität im Vordergrund. Was für den einen ein bedeutungsloses Ereignis ist, erlebt ein anderer als Behinderung. Außerdem wird darauf hingewiesen, dass bereits ein Konflikt vorliegt, wenn einer der Beteiligten das Gefühl hat, behindert zu werden, auch wenn dies vom anderen weder beabsichtigt noch so wahrgenommen wurde. Daher entstehen viele Konflikte, ohne dass der Verursacher dies bemerkt. Für einen Konflikt sind mindestens zwei Parteien notwendig. Auch wenn sich eine der beiden keiner Schuld bewusst ist!

Konflikte sind nicht plötzlich da, sondern bauen sich meist langsam auf. Sie werden erst als Konflikt wahrgenommen, wenn sie den Siedepunkt erreichen. Manchmal werden Konflikte dadurch verursacht, dass sich eine Person an den Eigenarten einer anderen stört. In Projektteams entstehen Konflikte auch, wenn Probleme auftreten: z. B., wenn Planungen nicht eingehalten werden oder gute fachliche Leistungen ausbleiben.

Es gibt verschiedene Methoden, auf einen Konflikt zu reagieren. Die Erfahrung lehrt, dass jeder von uns in seiner Reaktion auf Konflikte einen bevorzugten Stil bzw. Modus hat (aber niemand kann einem verbieten, den Modus zu wechseln, wenn dies nötig sein sollte ...). Beim ersten Modus wird nicht vom eigenen Standpunkt abgerückt: Durch **Konkurrieren**, das Durchdrücken der eigenen Lösung, wird versucht, für sich selbst möglichst großen Nutzen aus der Situation zu ziehen. Man versucht, andere zu dominieren.

Ganz im Gegensatz dazu steht das **Entgegenkommen**, was so viel bedeutet wie: Den Frieden wahren. Dabei trifft man die Entscheidung, sich (letztlich) den Auffassungen der Gegenseite zu fügen. So handelt man z. B., wenn man weiß, dass man im Unrecht ist. Es ist auch die Vorgehensweise von Menschen, die den Frieden um jeden Preis wahren wollen.

Zwischen diesen beiden Extremen liegt: einen Mittelweg finden oder anders formuliert: **Kompromisse eingehen**. Wenn beide Seiten über gleich viel Stärke oder Macht verfügen, ist dies oft die einzige Methode zur Beilegung eines Konflikts. Zu diesem Modus ist noch anzumerken, dass er oft zu halbherzigen Lösungen führt, oder wie es auch heißt: Ein Kompromiss vereint die Nachteile beider Lösungen.

Zusammenarbeiten bedeutet, mit offenem Visier zu kämpfen, das Problem auf den Tisch zu legen und danach zu versuchen, gemeinsam mit der Gegenseite brauchbare, für das Projekt und die Beteiligten akzeptable Lösungen zu finden. Man sucht gemeinsam eine Lösung, mit der die Interessen beider Parteien befriedigt werden. Diese Vorgehensweise ist vor allem dann erwünscht, wenn sich die unterschiedlichen Interessen nicht ignorieren lassen und Ressentiments vermieden werden sollen.

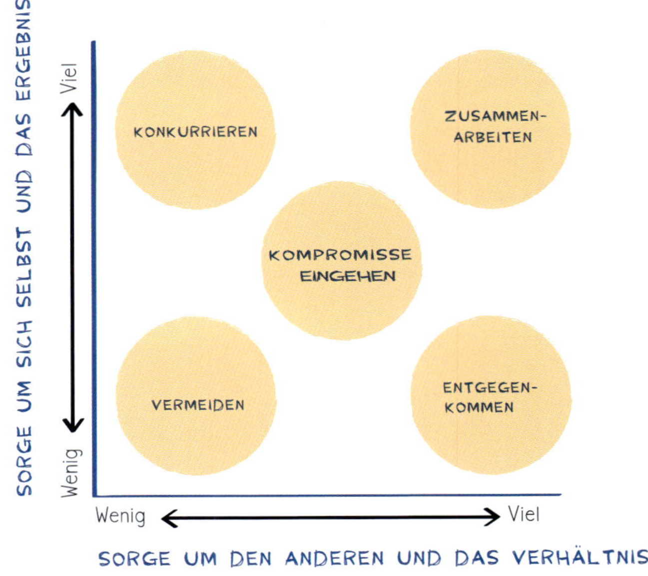

ABBILDUNG 4.6 MODI DER KONFLIKTBEWÄLTIGUNG (RALPH H. KILMANN)

KONFLIKTEN VORBEUGEN

Am besten ist es, Konflikten vorzubeugen. Folgende Vorschläge können dabei hilfreich sein:

» Folgen Sie nicht zu oft der Maxime: Kommt Zeit, kommt Rat. In Projekten ist es notwendig, dass Klarheit besteht, um zu vermeiden, dass Menschen aneinander vorbei arbeiten.

» Artikulieren Sie Irritationen so früh und so klar wie möglich. Niemand kann Ihre Gedanken lesen. Äußern Sie sich deshalb klar dazu, was Sie stört und was Sie wollen.

» Differenzieren Sie zwischen Emotionen, die sich auf die Sache beziehen, und Emotionen, die sich auf die Person beziehen.

» Verharren Sie nicht zu lange in der Vergangenheit, sondern blicken Sie nach vorn.

» Glauben Sie nicht, dass die Zeit alle Wunden heilt. Meist wird es im Laufe der Zeit nur noch schlimmer.

Jedenfalls gehören Projekte und Konflikte zusammen. Menschen, die das nicht aushalten, sollten eine Mitarbeit in einem Projektteam nicht anstreben.

PERSÖNLICHER BEZUG

Die Person des Projektleiters oder Projektmitarbeiters ist von wesentlicher Bedeutung, weil die Arbeit – sofern möglich – einen Beitrag zur Persönlichkeitsentwicklung und Weiterentwicklung derjenigen leisten soll, die sie verrichten. Je mehr dies der Fall ist, desto stärker werden sowohl die Organisation als auch die Einzelnen davon profitieren. Ein zweiter Aspekt ist, dass eine starke Verbindung auf persönlicher Ebene auch im Zusammenhang mit der Motivation und Akzeptanz für das Projekt steht.

Diese wiederum stehen in engem Zusammenhang damit, wie stark der von den Beteiligten wahrgenommene persönliche Bezug ist und inwieweit sie in der Lage sind, das Projekt und den eigenen Beitrag dazu selbst zu gestalten. Je mehr Raum dafür vorhanden ist, desto größer ist der zu erwartende Einsatz. Demnach geht es dabei um Fragen wie:

» Kann ich einen persönlichen Bezug zu Problemstellung, Zielsetzung, Ergebnis und Effekten des Projekts herstellen?

» Aufgrund welcher persönlichen Bedürfnisse möchte ich einen Beitrag zu diesem Projekt leisten?

» Wie kann dieses Projekt meine Weiterentwicklung fördern?

» Wie kann ich meine Qualitäten im Projekt am besten einsetzen?

» Welche Qualitäten haben die Teammitglieder, wie lassen sie sich optimal im Projekt einsetzen und wie können sie sich weiterentwickeln?

DREI ZENTRALE ROLLEN

Bei jedem Projekt lassen sich drei wichtige Rollen unterscheiden: **Auftraggeber**, **Projektleiter** und **Teammitglieder.** Zur Realisierung des Projektergebnisses ist eine Gruppe von Menschen für begrenzte Zeit in einer Arbeitsgemeinschaft tätig. Oft handelt es sich um Personen aus unterschiedlichen organisatorischen Einheiten oder sogar aus verschiedenen Organisationen. Die Zusammenarbeit muss in einem guten Verhältnis zu der bzw. den auf Dauer angelegten Organisationen stehen, in denen das Projekt stattfindet.

ORGANISATION

Organisation ist die Gesamtheit der Tätigkeiten, die auf Folgendes abzielen: die formale Regelung und Verteilung von Rollen, Aufgaben, Zuständigkeiten und Befugnissen innerhalb der Projektorganisation, in Bezug zu der bzw. den auf Dauer angelegten Organisationen und im Verhältnis zu den Akteuren im Umfeld. Dadurch entsteht eine klare Rollenverteilung, die alle Beteiligten in die Lage versetzt, das zu tun, was nötig ist.

Die meisten auf Dauer angelegten Organisationen verfügen über die unterschiedlichsten formellen und informellen Strukturen, Verfahren, Regelungen, Berichtswege und Beratungsgremien, um die Arbeit in die richtigen Bahnen zu lenken (auch wenn diese in der „agil" vernetzten Wirtschaft nicht mehr so statisch sind wie früher). Diese Vereinbarungen bieten eine Orientierungshilfe hinsichtlich Arbeits- und Steuerungsmethoden. Bei Projekten ist das anders, weil solche Strukturen für die Realisierung von Projekten meist nicht oder nur teilweise geeignet sind. Um etwas Einmaliges wie ein Projekt zu realisieren, werden andere Vereinbarungen benötigt, da dies mit regulären Arbeitsmethoden offenbar nicht gelingt.

Häufig entsteht eine Diskussion über Aufgaben, Zuständigkeiten und Befugnisse, besonders wenn sie von einer oder mehreren auf Dauer angelegten Organisationen an das Projekt abgetreten werden sollen. Auftraggeber und Projektleiter sollten gründlich darüber nachdenken, was für einen reibungslosen Projektablauf benötigt wird.

GRUNDSÄTZE FÜR DEN AUFBAU EINER ERGEBNISORIENTIERTEN PROJEKTORGANISATION

- Bei Projekten ist Klarheit darüber notwendig, wer Auftraggeber wird, ob diese Person genügend Zeit für das Projekt hat und die erforderlichen Befugnisse, um beispielsweise Mittel zu organisieren.
- Projekte proffitieren von einem (Teilzeit-)Projektleiter, für den die Projektleitung keine Störung seiner täglichen Arbeit darstellt.
- Die Projektleitung wird von einer Person übernommen, die in der Lage ist, ergebnisorientiert zu denken und zu handeln und die über genug Wissen über die Materie verfügt, um mitreden zu können.
- Das Projektteam setzt sich aus fachkundigen Mitgliedern zusammen, die der Aufgabe gewachsen und zur Selbstorganisation fähig sind.
- In der temporären Organisation muss Klarheit darüber bestehen, wer entscheiden darf, wer mit welchen inhaltlichen Aktivitäten betraut ist, aber auch, wie mit Konfflikten umgegangen wird.
- Es ist wichtig, auch „spätere" Beteiligte frühzeitig ins Projekt einzubeziehen.
- Ein Canvas- oder Projektstart-Workshop verhilft dem Projekt zu einem guten Start.
- Die Zusammensetzung des Projektteams sollte regelmäßig (z. B. bei Phasenübergängen) überprüft werden.

Vom **Auftraggeber** wird erwartet, dass er während der Projektlaufzeit am Projekt beteiligt bleibt. Er verdeutlicht zu Beginn die Ziele und das Ergebnis und sorgt für die benötigten Mittel. Vielleicht noch wichtiger ist, dass der Auftraggeber bereit ist, während der Projektlaufzeit Lenkungsaufgaben zu übernehmen, indem er rechtzeitig die Beschlüsse fasst und die Entscheidungen trifft, die für einen guten Fortgang notwendig sind. Der Auftraggeber ist also mehr als ein Initiator, Sponsor oder Geldgeber. Er muss dafür sorgen, dass das Projektteam die Arbeit erledigen kann. Außerdem hat er in regelmäßigen Abständen über Abbruch, Kurskorrekturen oder Fortführung zu entscheiden. Der Auftraggeber muss während des gesamten Prozesses am Projekt beteiligt bleiben. Er ist in der Position, das Projekt vor kurzlebigen Moden zu schützen und strategisch vom Umfeld abzuschirmen.

ABBILDUNG 4.7 FAKTOREN FÜR GUTE AUFTRAGGEBER

Es gibt Organisationen, die einen Lenkungsausschuss als Projektauftraggeber einsetzen. Im Lenkungsausschuss wird dann über die Entscheidungsvorlagen beschlossen. Auch die Fortschrittsberichte werden dort besprochen und genehmigt. Es sollte allerdings geklärt sein, wer im Auftrag des Lenkungsausschusses Ansprechpartner des Projektleiters ist und mit welcher Person (und nur mit ihr) sich der Projektleiter berät. Diese Person tritt somit als Beauftragte des Auftraggebers im Namen des Lenkungsausschusses auf.
Ein Argument gegen das Einsetzen einer Gruppe von Personen als Auftraggeber ist, dass das Risiko einer Verzögerung der Arbeit durch ausbleibende Entscheidungen und die Erteilung widersprüchlicher Aufträge mit der Zahl der Menschen steigt, die der Meinung sind, ihnen stünde das letzte Wort zu.

Nach der Genehmigung des Project Canvas beauftragt der Auftraggeber das Projektteam mit der Erstellung des Projektvertrags, der dann als formeller Startschuss gilt. Darin wird das Canvas in allen Einzelheiten ausgearbeitet. Nach der Genehmigung dieses Dokuments ist jedoch die Arbeit des Auftraggebers nicht erledigt. Er muss dafür sorgen, dass das Projektteam über die benötigten (personellen, finanziellen und materiellen) Mittel verfügen kann. Auch während der Laufzeit ist es wichtig, dass er am Projekt beteiligt bleibt. Eigentlich ist die Bezeichnung „Auftraggeber“ ein wenig zu eng gefasst, denn sie suggeriert, die Arbeit dieser Person wäre nach Erteilung des Auftrags erledigt. Doch wird der Auftraggeber auch während des Projektverlaufs lenkend tätig werden müssen, indem er rechtzeitig Entscheidungen über eine Beendigung oder Fortführung trifft und im Umfeld für das Projekt wirbt.

Der **Projektleiter** ist die zweite Rolle, die Aufmerksamkeit erfordert. Im Projekt muss es eine Person geben, die bereit ist, Verantwortung für das Zustandekommen des Ergebnisses zu übernehmen, und in der Lage ist, die einem Projektleiter zustehenden Befugnisse auszuüben. Außerdem sollte sie ein Gleichgewicht zwischen Umsetzung und Planung finden. Endlose Planungen bringen ein Projekt nicht wirklich voran. Irgendwann muss gehandelt werden. Die meisten Projektleiter sind in Organisationen tätig, in denen Projekte nicht Bestandteil des alltäglichen Arbeitsablaufs sind. Die Rolle des Projektleiters wird neben der eigenen täglichen Arbeit ausgeübt. Im Grunde handelt es sich in solchen Fällen um Teilzeitprojektleiter. Die Zeit, die Projektleiter für ein Projekt aufwenden, kann von einigen Stunden pro Woche bis zu einigen Tagen pro Woche reichen. Oft übernehmen Projektleiter auch zahlreiche inhaltliche Tätigkeiten in diesen Projekten. Von ihnen wird eine gewisse Kompetenz in der Führung von Projektmitarbeitern erwartet.

Ganz gleich, welche Bezeichnung für die Person verwendet wird, die das Projekt leitet, die Initiierung inhaltlicher Aktivitäten gehört immer zu ihren Aufgaben. Um zu vermeiden, dass Projektbeteiligte aneinander vorbei arbeiten, muss sie außerdem die Koordination zwischen den diversen Beteiligten übernehmen.

Zur Ermöglichung der Projektplanung und des Projektcontrollings kümmert sich der Projektleiter in jedem Fall darum, dass Termin-, Finanz-, Qualitäts-, Informations- und Organisationspläne vorliegen, dass nach diesen Plänen gehandelt und deren Einhaltung überwacht wird. Die Zuständigkeiten und Befugnisse des Projektleiters sollten ausgewogen sein. Am einfachsten und klarsten ist die Situation, wenn der Projektleiter über alle Befugnisse für die fünf Kontrollaspekte verfügt. Dann kann er dafür auch verantwortlich sein. In der Praxis verfügen die meisten Projektleiter über wesentlich weniger Befugnisse.
Seit einiger Zeit ist immer häufiger von selbstorganisierten Teams die Rede. Es ist wichtig, dass der Projektleiter den Teammitgliedern unter Berücksichtigung ihres Reifegrads so viel Raum wie möglich lässt, sich mit ihrem Fach zu beschäftigen und sie nicht mehr als nötig antreibt. Außerdem ist es wichtig, dass der Teamleiter mindestens den Rahmen und die Grundsätze des Projektplans überwacht, sich aber auch von der Umsetzung fernhält.

ABBILDUNG 4.8 DIE KERNASPEKTE DER PROJEKTLEITERROLLE

Das **Projektteammitglied** ist die dritte Projektrolle. Seine wichtigsten Aufgaben sind das Tun (Ausführen, Erstellen) und Mitdenken. Es gilt, die diversen Mitarbeiter in einem möglichst frühen Stadium ins Projekt einzubeziehen. Oft ist die Mitarbeit an einem Projekt für Teammitglieder attraktiv. Sie kann neue Entfaltungschancen bieten und es kann eine Herausforderung sein, an einer neuen Aufgabe mit neuen Kollegen zusammenzuarbeiten. Doch die Arbeit in Projektteams hat auch eine Kehrseite. Dazu gehört z. B. das Lavieren zwischen den für die eigene Abteilung oder Organisation zu verrichtenden Tätigkeiten und den Projekttätigkeiten. Und nicht jeder empfindet es als Herausforderung, unter Zeitdruck oder an der Entstehung von Neuem zu arbeiten.

Ein Projektteam ist eine Gruppe von Personen, die dafür sorgen, dass das Ergebnis auch zustande kommt. Oft treten in Projektteams Schwierigkeiten auf, weil unklar ist, warum eine Person zur Teilnahme am Projekt gebeten wurde. So sind Mitarbeiter oft als Interessenvertreter der eigenen Abteilung im Team und nicht als Arbeitende, die sich auf das Projektergebnis konzentrieren. Projektteams sollten (im Idealfall) nur aus Arbeitenden bestehen! Interessenvertreter, Gutachter, Prüfer usw. sollten Mitglieder einer Kommission, eines Lenkungsausschusses, einer Resonanzgruppe oder etwas Ähnlichem sein.

Ungeachtet der Bezeichnung der mitarbeitenden Person (Experte, Teammitglied, Mitarbeiter) und der Frage, ob sie in Vollzeit oder Teilzeit für das Projekt tätig ist, wird von ihr erwartet, dass sie sich für den eigenen Beitrag verantwortlich fühlt und auf Nachfrage oder unaufgefordert über ihre Arbeitsfortschritte Bericht erstattet. Sie hilft anderen und lässt sich von anderen helfen, hält Vereinbarungen ein und kommt nicht mit Ausreden, Ausflüchten und „ja, aber".

ES IST HILFREICH, WENN SICH DIE MITGLIEDER EINES PROJEKTTEAMS KENNEN

Jedes Teammitglied sollte sich dessen bewusst sein, das es einen bevorzugten persönlichen Kommunikations-, Entscheidungs-, Kooperations-, Führungsstil usw. hat. Denn jeder Mensch ist einzigartig und hat bestimmte tief verwurzelte Präferenzen, die dazu führen, dass die eine Person ganz anders auf eine Situation reagiert als die andere. In Projektteams zeigt sich das in aller Deutlichkeit, insbesondere wenn

das Team unter Druck gerät. Denn dann werden oft Qualitäten zu intensiv eingesetzt und entwickeln sich zur Falle. Aus der Psychologie sind viele Modelle bekannt, die diese persönlichen Präferenzen auf die eine oder andere Weise veranschaulichen und damit in einem Projektteam thematisierbar machen. Es gibt 6 gängige Modelle, die im Folgenden kurz beschrieben werden:

» **Die Big Five,** die auf fünf Skalen oder Merkmalen basieren, sind eines der am intensivsten erforschten (und am besten validierten) Persönlichkeitsmodelle. Persönlichkeiten setzen sich aus einer einzigartigen Kombination von Positionen auf diesen fünf Skalen oder „Dimensionen" zusammen. Es wird hier nicht mit holistischen Persönlichkeitstypen gearbeitet. Das Modell erhielt um 1985 seine heutige Form.

» **Insights Discovery** (vier Farben, acht Rollen) baut auf den Jung-Skalen und MBTI auf und geht sogar auf die vier Temperamente zurück, zwischen denen bereits die Griechen differenzierten. Es beinhaltet eine markante Farbcodierung: Blau, Grün, Gelb und Rot. Dank seines Sprachgebrauchs und der Qualität der Berichte ist es eines der attraktivsten Modelle.

» **Die Belbin-Teamrollen** sind sehr populär. Dabei handelt es sich um ein gut durchdachtes, wissenschaftlich erforschtes Modell, das ganz auf Teams und Teamzusammenstellung ausgerichtet ist. Der einfache Test, der überall gratis angeboten wird, kann ein guter Gesprächseinstieg sein. Es ist weniger tiefgehend und situativer als die Typisierungen anderer Modelle, die in stärkerem Maß auf zugrunde liegenden Mustern basieren.

» **Das Enneagramm** wurde zu Beginn der 1920er-Jahre von dem Philosophen und Mystiker George Gurdjieff entwickelt. Sein Schüler Ouspensky erwähnte 1949 in einer Veröffentlichung zum ersten Mal die neun Persönlichkeiten (z. B. Romantiker und Vermittler). Das Modell war lange Zeit eine Domäne der Esoterik, wurde aber um das Jahr 2000 von der Wirtschaft aufgegriffen.

» **Management Drives** verwendet sechs Farben zur Darstellung der Grundmotive, die das Verhalten eines Individuums bestimmen.

» **Myers-Briggs-Typenindikator (MBTI)** basiert auf den Persönlichkeitsskalen von Jung. Die Typisierung erfolgt über komplizierte, aus vier Buchstaben zusammengesetzte Codes („ich bin ein INFP").

Es ist den Mitgliedern eines Projektteams, besonders wenn sie längere Zeit zusammenarbeiten werden, sehr zu empfehlen, sich zu Beginn gemeinsam einige Stunden mit diesen Präferenzen zu beschäftigen und die gewonnenen Erkenntnisse bei Vereinbarungen zu Arbeitsweise, Rollenverteilung und bestimmten weiteren Aspekten zu nutzen.

VARIANTEN DER PROJEKTORGANISATION

Es gibt viele Varianten für den Aufbau einer Projektorganisation, von einer Projektorganisation ohne Befugnisse und eigene Mitarbeiter bis hin zu einer völlig selbstständig operierenden Projektorganisation. Eine Idealform gibt es nicht. zwei Extreme werden wir kurz beschreiben. In der **Koordinationsstruktur** wird die Arbeit vom Linienmanagement organisiert. Im Extremfall umfasst die „Projektgruppe" kaum mehr Personen als den Teilzeitprojektleiter. Wenn überhaupt andere Personen am Projekt arbeiten, hat der Projektleiter ihnen gegenüber wenig oder keine Weisungsbefugnis. In der Koordinationsstruktur verfügt der Projektleiter über nahezu keine Befugnisse. Diese Organisationsform eignet sich für Projekte, bei denen eher weniger Wert auf Projektcontrolling gelegt wird. Denn bei dieser Organisationsform lassen sich Kosten oft nur schwer zum Projekt zurückverfolgen, weil sie auf Abteilungen gebucht werden. Hier wären „Vorsitzender" oder „Koordinator" bessere Bezeichnungen für den Projektleiter. Dessen wichtigste Aufgaben sind hier: die Koordination (nicht die Leitung) der inhaltlichen Tätigkeiten, die Ermittlung des Sachstands bezüglich der fünf Kontrollaspekte (und keine Kursänderungen) sowie das Sammeln von aus den Abteilungen eingehenden Teilberichten und deren Zusammenstellung, damit der Auftraggeber Maßnahmen ergreifen kann.

In einer **selbstständigen Projektorganisation** verfügt der Projektleiter über alle zur Realisierung der projektgebundenen Aktivitäten notwendigen Befugnisse. Es handelt sich um eine Organisation innerhalb der Organisation. Mitarbeiter sind während der Projektlaufzeit beim Projekt „angestellt". Der Projektleiter kann in Absprache mit den Teammitgliedern die Arbeitsreihenfolge ändern, ohne zuerst Rücksprache mit deren Vorgesetzten zu halten. Das Projekt verfügt über ein eigenes Budget und es kommen eigene Qualitäts- und Informationssysteme zum Einsatz. Oft arbeiten Teammitglieder mehrere Tage am Stück am Projekt, was zu mehr Verbundenheit mit dem Projekt führt und es beschleunigt, da man nicht immer wieder von Neuem beginnt. Meist gibt es einen eigenen Arbeitsraum, um auch informelle Treffen leichter zu ermöglichen. Die projektgebundenen Kosten sind sehr gut ablesbar und der Projektleiter ist vorrangig rechenschaftspflichtig. Er hat alle Mittel in der Hand, um dem Projekt zum Erfolg zu verhelfen, und kann diesbezüglich zur Rechenschaft gezogen werden. Diese Form eignet sich für Projekte, die von größter Bedeutung sind und bei denen das Ergebnis im Vordergrund steht.

DIE INTERESSENTRÄGER IM BLICK

Für Projektleiter und Projektteam steht das Erreichen eines vom Auftraggeber gewünschten Ergebnisses im Mittelpunkt. Dieses Ergebnis soll den Auftraggeber dabei unterstützen, dem angestrebten Ziel näher zu kommen. Damit ein Projekt in sei-

nem Umfeld ankommt, benötigt man die Akzeptanz der Beteiligten, z. B. der Benutzer, Chefs, Lieferanten, Betroffenen, Geldgeber usw. Andere Personen als der Auftraggeber, der Projektleiter oder die Projektteammitglieder sollen das in einem Projekt Entwickelte und Erstellte unterstützen, mittragen und nutzen.

In den letzten Jahren hat die Aufmerksamkeit für eine rechtzeitige, aktive und gezielte Einbeziehung des Umfelds zugenommen. In Publikationen zu diesem Thema werden verschiedene Schlagworte verwendet, aber in allen wird die Bedeutung der Aufmerksamkeit gegenüber dem Umfeld bekräftigt. Beispiele sind *Mutual Gains Approach* (Susskind), *Getting to Yes* (Fisher und Ury), *Strategisch omgevingsmanagement* (Wesselink) oder *Samenwerken tussen organisaties* (Kaats und Opheij).

PRINZIPIEN DES UMFELDMANAGEMENTS

- Streben Sie einen Nutzen für alle beteiligten Parteien an.
- Arbeiten Sie an einem ehrlichen Interesse für die Belange der Interessenträger.
- Seien Sie zuverlässig und lassen Sie Ihren Worten Taten folgen.
- Ermitteln Sie zuerst die strittigen Fragen und erst dann die dazugehörigen Interessenträger.
- Differenzieren Sie zwischen Standpunkten und Interessen.
- Treffen Sie transparente Abwägungen, teilen Sie diese den betreffenden Parteien rechtzeitig mit.
- Widmen Sie den Interessenträgern mit dem größten Interesse am meisten Zeit.
- Beziehen Sie Interessenträger frühzeitig ein. Stellen Sie sich den Schwierigkeiten zu Beginn; dies führt am Ende zu weniger Verzögerung und Budgetüberschreitung und Pläne werden realistischer.

Die Akteure aus dem relevanten Umfeld sind oft von entscheidender Bedeutung für den Projekterfolg. Sei es auch nur weil sie diejenigen sind, die Produkte bzw. Dienstleistungen nutzen oder finanzieren, Genehmigungen erteilen oder als Zulieferer die Leistungserbringung ermöglichen.

Alles und alle außerhalb des Projekts, die das Projekt beeinflussen können, werden oder wollen, sind dem relevanten Umfeld zuzurechnen. Sie können die Suppe versalzen, auch wenn die Arbeit noch so gut geplant ist und mit noch so viel Enthusiasmus und Professionalität erledigt wird. Sie können ihre Unterstützung zurückziehen oder plötzlich etwas anderes anstreben. Jedes Projekt hat ein relevantes Umfeld. In diesem Umfeld können die unterschiedlichsten Akteure eine Rolle spielen. Bei den meisten Ereignissen (Ausnahme: Naturkatastrophen) gibt es einen oder mehrere Akteure, die das Ereignis verursachen oder als wichtig beurteilen. Daher impliziert eine Beeinflussung des Umfelds immer die Beeinflussung von Akteuren. Das Projekt wird durch das Umfeld beeinflusst, aber das Team beeinflusst auch das Umfeld. Das Team sollte sich stets der Tatsache bewusst sein, dass der Erfolg oder das Misslingen des Projekts zu einem Großteil davon abhängt, wie es mit dem relevanten Umfeld umgeht.

Bei manchen Methoden beginnt man damit zu ermitteln, wer die Interessenträger sind und welche strittigen Fragen sie beschäftigen. Zur schnellen Erstellung eines Canvas kann so vorgegangen werden. Gründlicher ist es, mit den strittigen Fragen zu beginnen. Dies sind Fragen, in der ein Meinungsunterschied zwischen Personen oder Parteien besteht. Strittige Fragen kann es schon länger geben und Projekte können sie auch selbst verursachen. Beispiele im Organisationsbereich sind: Nutzung personenbezogener Daten im Internet; Anwesenheit am Arbeitsplatz, obligatorisch oder freigestellt; Beziehung zwischen Führungskräften der Linienorganisation und die Geschäftsführung beratenden Experten. Beispiele auf gesellschaftlicher Ebene sind: Ressourcenverbrauch, Kriminalität in einem Stadtviertel, Erreichbarkeit einer Region oder Stadt, Bevölkerungsrückgang in bestimmten Gebieten.

Dies führt dazu, dass auf Basis von Inhalten nach Interessenträgern gesucht wird und nicht die *üblichen Verdächtigen* im Voraus zu Interessenträgern erklärt werden. Anhand dieser strittigen Fragen werden Akteure gesucht, die dadurch auf sich aufmerksam machen, dass sie Standpunkte zu diesen Fragen vorbringen, weil sie einen positiven oder negativen Effekt des Projekts spüren. Dabei werden es Interessenträger meist nicht bewenden lassen: Sie werden auch Einfluss auf das Projekt ausüben.

Anschließend wird sowohl das Gewicht der strittigen Fragen als auch der Interessenträger beurteilt, z. B. anhand von Aspekten wie: Größe der Anhängerschaft, Ruf der Organisation, Einfluss auf andere Interessenträger und Macht der Vertreter.

Der nächste Schritt ist die Zusammenstellung und Analyse der Standpunkte und Interessen zu den verschiedenen strittigen Fragen. Die Analyse wird sich letztlich auf die wichtigsten Fragen und die Interessenträger mit der größten Relevanz konzentrieren. Letztere werden in das Canvas aufgenommen. Dabei ist es ratsam, soweit möglich konkrete Namen und Funktionen von Personen zu benennen, und so wenig wie möglich komplette Organisationen (wie die Gemeinde, der Staat, das Unternehmen) oder Organe (die Geschäftsführung, das Managementteam).

INTERESSENTRÄGER	GESCHICHTE	STANDPUNKT	INTERESSE	MACHT	BEZIEHUNG
(Name)	Beschreiben Sie die Geschichte des Interessenträgers in Bezug auf das Projekt: **IST DER INTERESSENTRÄGER IN DER VERGANGENHEIT MIT ANDEREN INITIATIVEN IHRER ORGANISATION IN BERÜHRUNG GEKOMMEN? SPIELEN WEITERE RELEVANTE ANGELEGENHEITEN ODER VEREINBARUNGEN AUS DER VERGANGENHEIT EINE ROLLE?**	Beschreiben Sie den Standpunkt des Interessenträgers zur strittigen Frage: **IST DER INTERESSENTRÄGER EIN BEFÜRWORTER ODER EIN WIDERSACHER?**	Beschreiben Sie das Interesse des Interessenträgers an der strittigen Frage: **WIE WÜRDE DER INTERESSENTRÄGER SEIN INTERESSE SELBST BESCHREIBEN? WAS IST DIESER PERSON WICHTIG? WIE DENKT SIE? (DENKEN SIE AN DIE WARUM-FRAGE!)**	Beschreiben Sie, über welche Art von Macht der Interessenträger in welchem Umfang verfügt: **WIE GROẞ IST DIE ORGANISATION/ANHÄNGERSCHAFT? WELCHE BEZIEHUNG BESTEHT ZUM PROJEKT? WELCHE ART VON MACHT STEHT IM VORDERGRUND: AUTORITÄTSMACHT, STÖRPOTENZIAL, EINFLUSSPOTENZIAL?**	Beschreiben Sie die Beziehung des Interessenträgers zu Ihrer Organisation/dem Projekt: **WIE GROẞ IST DAS VERTRAUEN? GIBT ES PARALLELEN ZWISCHEN DEN INTERESSEN DER ORGANISATION, DES PROJEKTS UND DES INTERESSENTRÄGERS?**

ABBILDUNG 4.9 TYPISIERUNG EINES INTERESSENTRÄGERS BEI EINEM PROJEKT

Die Suche nach Übereinstimmungen zwischen den eigenen Zielen und denen einer anderen Partei erfordert, dass sich Auftraggeber und Projektleiter in eine verletzliche Position begeben. Zuzuhören, ohne die Interessen anderer berücksichtigen zu wollen, ist relativ sinnlos. In den USA bezeichnet man diese Sondierung auch als Suche nach *mutual gains* (gegenseitigen Vorteilen). Schlüsselbegriffe sind dabei Integrität und Zuverlässigkeit. Tricks sollte man besser bleiben lassen. Denn Vertrauen ist schwer zu gewinnen und leicht zu verlieren.

Die Annahme lautet, dass durch gemeinsames Besprechen der Interessen (und der zugrunde liegenden Werte) der Beteiligten und durch die gemeinsame Suche nach akzeptablen Lösungen eine dauerhafte Beziehung aufgebaut wird. Dies ermöglicht die Realisierung eines Projektvorhabens. Vielleicht wird die Veränderung anders aussehen als zu Beginn gedacht, aber es ändert sich etwas ohne große Termin- und Kostenüberschreitungen.

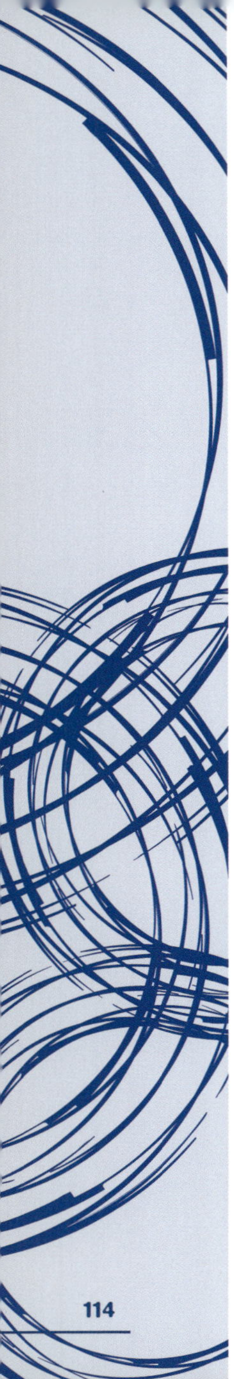

Thema 3 Vorgehensweise

Vereinbarungen treffen, wie das Ergebnis geplant zustandekommt

Projektmanagement ist durch drei **Prinzipien** gekennzeichnet. Das erste Prinzip lautet: *Erst nachdenken, dann handeln*. Fast alles, was bei einem Projekt gelingt oder misslingt, hat seinen Ursprung in der Anfangsphase.

Das zweite Prinzip ist, ein Projekt *von vorn nach hinten und von hinten nach vorn zu durchdenken*. Beim Vorausdenken versucht man von Beginn an, alle in Zukunft für die Erzielung des gewünschten Projektergebnisses notwendigen Tätigkeiten zu überblicken. Man kann aber als Projektteam auch vom Endergebnis ausgehend zurückdenken. Dabei ermittelt man, was alles zum Erreichen des Endergebnisses getan werden musste. Dieses Prinzip des Voraus- und Zurückdenkens basiert auf der Idee, dass alles zweimal erschaffen wird: Zuerst wird es konzipiert und danach erhält es eine materielle Form.

Das dritte Prinzip ist die Vorgehensweise *vom Groben zum Feinen* (zuerst ein grober Überblick, dann die spezifische Ausarbeitung). Wenn man bereits in einem frühen Projektstadium über die unterschiedlichsten Einzelheiten nachzudenken und zu entscheiden beginnt, vergeudet man nicht nur viel Zeit, sondern erlegt dem kreativen Prozess im weiteren Projektverlauf auch unnötig viele Beschränkungen auf.

INTERMEZZO

Bei Scrum und agilem Projektmanagement scheint in viel geringerem Maße ein gut strukturierter und geplanter Prozess vorzuliegen als bei einem linearen Vorgehensmodell oder Wasserfallmodell (s. S. 120). Schnelligkeit, Handlungsfähigkeit und Tatkraft sind die auffälligsten Aspekte. Das Wesentliche beim Scrum- bzw. agilen Projektmanagement ist, dass in (größtenteils) selbststeuernden Teams in kurzen Zyklen (einige Wochen dauernden Sprints) Teile eines Projektergebnisses übergeben werden, ohne dafür zuerst umfangreiche Pläne und Unterlagen zu erstellen. Es werden vorwiegend die Stärken eines engagierten multidisziplinären Teams genutzt, wobei der *Product Owner* (Produkteigentümer) mehr oder weniger als Auftraggeber entscheidet, welche Projektbestandteile zuerst aufgegriffen werden. *Scrum* und *agil* sind Begriffe, die insbesondere in der Softwareentwicklung für eine flexible und dynamische Arbeitsweise stehen, wobei vor allem die kreative Kraft in Teams genutzt wird.

Steht diese Arbeitsweise im Gegensatz zu den im vorliegenden Buch beschriebenen Ansätzen? Unseres Erachtens ist dies nicht der Fall. Insbesondere in komplexeren und größeren Projekten ist es für Projektorganisationen unumgänglich, ein Projekt im Vorfeld zu durchdenken, das Endergebnis sorgfältig zu definieren und anschließend die Tätigkeiten aufzunehmen. Unserer Meinung nach lassen sich vom Prinzip vom Groben zum Feinen ausgehend Scrum-Prinzipien und agile Prinzipien hervorragend in einem breiteren Rahmen anwenden, der im Vorfeld gut durchdacht wurde. Wir sind davon überzeugt, dass gerade das Project Canvas dafür ein brauchbares Instrument ist, weil es in einem frühen Stadium den Kern des Projekts veranschaulicht, wonach bei der Ausarbeitung der Bestandteile ein Ansatz verfolgt wird, der dem Scrum- bzw. agilen Charakter stark ähnelt und damit ein sehr dynamischer und neuartiger Prozess sein kann. Wichtig sind hier auch die Stärken eines co-kreativ arbeitenden Teams. Diese Arbeitsweise war aus Sicht des Projektbasierten Gestaltens schon immer der wichtigste Erfolgsfaktor von Projekten. Deshalb betonen wir, dass gerade die Erstellung eines Project Canvas ein dynamischer Prozess zwischen den Personen mit dem stärksten direkten Bezug zum Projekt sein sollte. Dies leistet einen wichtigen Beitrag zum „Zu-eigen-Machen" und ist eine Voraussetzung für den Erfolg.

Der Kern des Projektmanagements ist, wie bereits beim ersten Thema erläutert, das Hinwirken auf ein vorab vereinbartes Ergebnis. Auf Grundlage des festgelegten Projektergebnisses wird für die erste Phase eine detaillierte und für die späteren Phasen eine grobe Bestandsaufnahme der Tätigkeiten erstellt, die für die Erzielung des Ergebnisses notwendig sind. Hierbei gilt: Je besser das Ergebnis und die Teilergebnisse formuliert sind, desto leichter lässt sich ermitteln, welche Tätigkeiten erforderlich sind. Idealerweise sollten die Personen die Tätigkeiten ermitteln, die diese ausführen werden. Denn sie wissen am besten, was zu geschehen hat und welche Probleme bei der Ausführung auftreten können. Sie wissen auch, welche Aktivitäten gleichzeitig stattfinden können und für welche Aktivitäten erst andere abgewartet werden müssen.
Wenn die Tätigkeiten ermittelt wurden, können sie einer Phase zugeordnet werden, damit sich gleichartige Arbeiten (nachdenken, vorbereiten, erstellen) zusammenfassen lassen. Die Norm ist, dass inhaltliche Aktivitäten immer einer Phase angehören: In der einen Phase werden Anforderungen gesammelt, in einer anderen Lösungen entwickelt und einer weiteren wird die Einführung vorbereitet.

MINDESTENS DREI PHASEN

Jedes Projekt besteht aus mindestens drei Phasen: Gestaltung, Umsetzung und für ein Projekt im weiteren Sinne natürlich auch Abschluss und Nutzung. Je nach Projektart (Automatisierungs-, Umstrukturierungs-, Bauprojekt, politisches Vorhaben) tragen die Phasen verschiedene Bezeichnungen, aber eine Gruppierung von Tätigkeiten in unterschiedlichen Phasen ist meist anzutreffen. In manchen Fällen genügt es, zwischen diesen Phasen zu differenzieren und keine weitere Gliederung vorzunehmen. Manchmal ist bei komplexen Projekten eine Unterteilung in weitere Phasen wünschenswert.

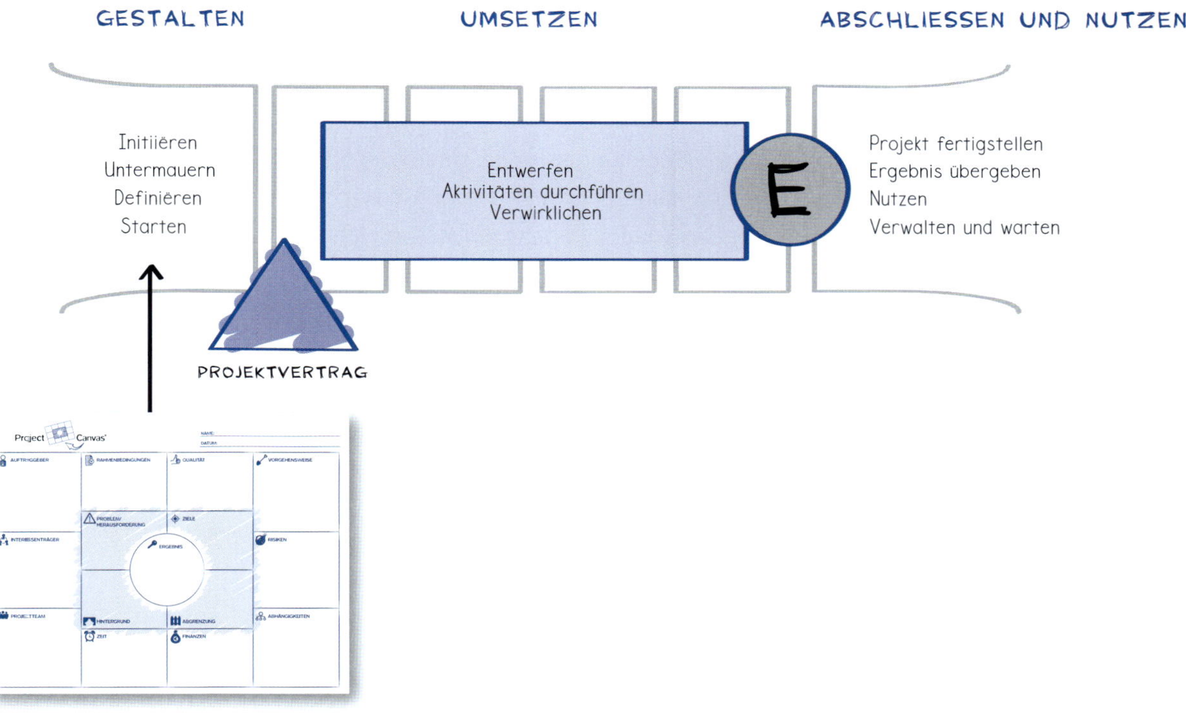

ABBILDUNG 4.10 PROJECT CANVAS IN DEN PHASEN EINES PROJEKTS

Der Detaillierungsgrad der Phasen unterscheidet sich von Methode zu Methode. Bei manchen Methoden werden die Phasen auf den Managementzyklus der beauftragenden Organisation abgestimmt. Wenn Treffen des Auftraggebers zur Besprechung des Projekts (mit seinem Lenkungsausschuss oder dem Managementteam) quartalsweise stattfinden, werden Phasen nach der Zeiteinheit *Quartal* definiert. Man spricht in diesem Zusammenhang auch von einer Managementphase: dem Zeitraum, in dem der Projektmanager zur Durchführung des Projekts ermächtigt ist.

DAS ZYKLISCHE VORGEHENSMODELL

Bevor wir auf das zyklische Vorgehensmodell eingehen, ein paar Sätze zum *Vorgehen in der Praxis*. Es zeigt sich, dass für viele (kleine) Projekte ein Vorgehensplan mit einer Aufstellung zu Hintergrund, Problem/Herausforderung, Ziel, Ergebnis und Abgrenzung (HPZEA) und einer Beschreibung der auszuführenden Tätigkeiten sowie ein ergänzender Termin- und Finanzplan erstellt werden. Häufig wird dieses Dokument als „Vorgehensplan" bezeichnet. Die Entscheidung über den Fortgang erfolgt oft ad hoc anhand eines Fortschrittsberichts. Pragmatismus steht dabei im Vordergrund.

Beim *zyklischen Vorgehensmodell* werden vor dem Hintergrund der derzeit bekannten Anforderungen oder Funktionen Lösungen entwickelt, die der Auftraggeber schnellstmöglich in eines oder mehrere Teilergebnisse übertragen sehen möchte. Die gelieferten Ergebnisse lassen sich schnell umsetzen und in der Praxis überprüfen. Nachdem Erfahrungen damit gesammelt wurden, wird das nächste Teilprojekt in Angriff genommen. Man arbeitet quasi in aufeinanderfolgenden Durchgängen. Ein Beispiel für diese Vorgehensweise ist ein Projekt, das zu einem Studierendenverwaltungssystem führt. Zuerst wird an der Registrierungsfunktion gearbeitet. Wenn sie einsatzbereit ist und Erfahrungen mit den Bildschirmen, der Steuerung und Ähnlichem gesammelt wurden, wird nach einer Evaluation mit dem nächsten Bestandteil, z. B. der Notenverwaltung, begonnen. Anschließend wird am Suchsystem gearbeitet, im nächsten Durchgang an einem Einschreibemodul usw. Die Inhalte oder Funktionen werden auf diese Weise nach und nach entwickelt, implementiert und evaluiert.

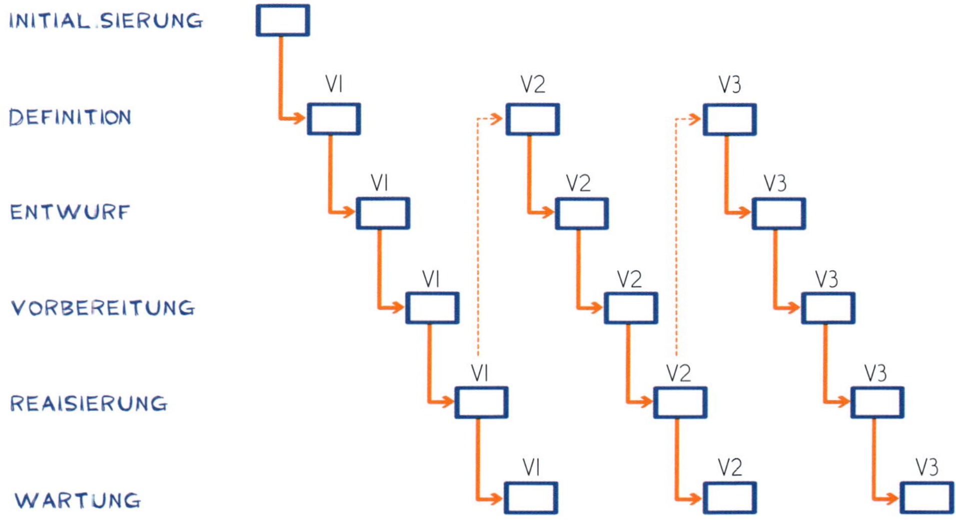

ABBILDUNG 4.11 DAS ZYKLISCHE VORGEHENSMODELL

Jeder sachbezogene Durchgang lässt sich als mehr oder weniger selbstständiges Projekt managen. Bei dieser Vorgehensweise besteht das Risiko, dass der Zusammenhang zwischen den verschiedenen Durchgängen verloren geht und das Team nach jedem Durchgang wieder Energie für den nächsten sammeln muss.

Sie eignet sich für Fragestellungen, bei denen die Lösung in groben Zügen bekannt ist und schnell Erfahrungen mit einem Teilergebnis gesammelt werden müssen. Die Methode kommt auch zum Einsatz, wenn Bedarf an einer schnellen ersten Lösung besteht, der in einem späteren Stadium noch Extras wie Varianten oder Anpassungen hinzugefügt werden können.

DAS LINEARE VORGEHENSMODELL

Beim *linearen* Vorgehensmodell oder *Wasserfallmodell* arbeitet man sich von einem Anforderungskatalog über einen Entwurf zur letztlichen Realisierung vor. Es gibt sechs Phasen, die in der Praxis für zahlreiche Anwendungsbereiche umfassend genug und brauchbar sind. Jede Phase hat eine eigene eindeutige Botschaft, die sich leicht in wenigen Stichworten wiedergeben lässt.

SECHS PHASEN, DIE JEWEILS MIT EINEM PRODUKT ABGESCHLOSSEN WERDEN

1 Initialisierungsphase: Klarheit über das Warum und darüber, was am Ende fertig ist.

2 Definitionsphase: Es liegen Anforderungen vor, die das Ergebnis erfüllen soll.

3 Entwurfsphase: Es ist bekannt, wie das Ergebnis aussehen wird.

4 Vorbereitungsphase: Es ist klar, wie sich das Ergebnis realisieren lässt.

5 Realisierungsphase: Das versprochene Ergebnis liegt vor.

6 Nutzungs- und Wartungsphase: Benutzer nutzen das Ergebnis.

1 Initialisierungsphase: Klarheit über das Warum und darüber, was am Ende fertig ist

Es liegt erst dann ein Projekt vor, wenn Folgendes geklärt ist: das Warum des Projekts (die anzustrebenden Ziele oder die zu lösenden Probleme), was am Ende des Projekts fertig sein soll (und was nicht) und die einzuhaltende Arbeitsweise. Das ist in der Initialisierungsphase die Hauptaufgabe. Für diese Phase gibt es im Gegensatz zu den anderen Phasen keinen eindeutigen Beginn. Denn es ist schwer festzustellen, wann jemand zum ersten Mal über ein mögliches Projekt nachzudenken beginnt.

2 Definitionsphase: Es liegen Anforderungen vor, die das Ergebnis erfüllen soll

In dieser Phase wird eine Antwort auf die Frage gesucht, welche Anforderungen das Ergebnis erfüllen soll. Anders formuliert: Was das Ergebnis genau leisten soll, was es können muss, welche Funktionen es in welchem Umfeld erfüllen soll.

3 Entwurfsphase: Es ist bekannt, wie das Ergebnis aussehen wird

Wenn alle Anforderungen bekannt sind, kann nach Lösungen gesucht werden, die diese Anforderungen erfüllen. Dies geschieht in der Entwurfsphase. Am Ende der Entwurfsphase ist genau bekannt, welche Form das Ergebnis erhalten wird.

4 Vorbereitungsphase: Es ist klar, wie sich das Ergebnis realisieren lässt

Was in der Entwurfsphase erdacht wurde, muss nun vorbereitet werden, damit sich das Ergebnis quasi per Knopfdruck einwandfrei realisieren lässt. Es werden beispielsweise Anweisungen für die Realisierung erstellt und Personen geschult, die Tätigkeiten in der Realisierungsphase ausführen werden.

5 Realisierungsphase: Das versprochene Ergebnis liegt vor

Letztlich muss alles, was initialisiert, definiert, entworfen und vorbereitet wurde, auch erstellt werden. Dies findet in der Realisierungsphase statt. Erst in dieser Phase wird produziert, verfasst, gedruckt, gebaut oder gefilmt. Das Projekt im engeren Sinne wird abgeschlossen, das Ergebnis übergeben. Bei Bedarf wird ein Wartungsprogramm aufgestellt, in dem das Augenmerk auf die Nutzung, Wartung und Verwaltung des Projektergebnisses gerichtet ist.

6 Nutzungs- und Wartungsphase: Benutzer nutzen das Ergebnis

In dieser Phase wird das Projektergebnis wie beabsichtigt genutzt, verwaltet und gewartet. Das Ende dieser Phase markiert der Zeitpunkt des Austauschs oder der Vernichtung des Projektergebnisses.

Thema 4 Controlling

Zeitliche, finanzielle und qualitative Anforderungen und andere Kontrollaspekte wie Information, Organisation und Kommunikation formulieren und überwachen

Controlling ist die Ermöglichung der planmäßigen Durchführung der Tätigkeiten und des planmäßigen Erreichens des Ergebnisses. Es bedeutet, für Vereinbarungen und deren Einhaltung zu sorgen. Um über den Start eines Projekts entscheiden zu können, verlangen Auftraggeber ein fundiertes Bild der Kontrollaspekte. Deshalb muss der Projektleiter zur Vorbereitung der betreffenden Vereinbarungen aktiv werden. Projekte werden ins Leben gerufen, um ein angestrebtes Ergebnis zu erzielen. Darauf sind die Tätigkeiten aller Personen, die ins Projekt einbezogen werden, ausgerichtet. Auftraggeber möchten in den meisten Fällen zu einem bestimmten Zeitpunkt über dieses Ergebnis verfügen können und haben ein bestimmtes Budget dafür reserviert. Außerdem haben sie Vorstellungen von bestimmten Qualitätskriterien, die das Ergebnis erfüllen soll. Über Angelegenheiten dieser Art müssen Vereinbarungen getroffen werden und jemand muss darüber wachen, dass alle Beteiligten gemäß diesen Vereinbarungen arbeiten.

Während der Projektarbeit wird regelmäßig geprüft, was bis zum betreffenden Zeitpunkt erreicht wurde, ob der vereinbarte Rahmen noch stets eingehalten wird und welche Kurskorrekturen gegebenenfalls gewünscht werden. Bezeichnungen für solche Aktivitäten sind: „managen", „ermöglichen", „Voraussetzungen oder Bedingungen schaffen" oder „Controlling".

ABBILDUNG 4.12 PROJEKTCONTROLLING

SECHS KONTROLLASPEKTE

1 **Zeit**: Durchlaufzeit und Kapazität managen.

2 **Finanzen**: Kosten und Erträge managen.

3 **Qualität**: Sicherstellen, dass das Ergebnis gut genug ist und nachweislich die Anforderungen erfüllt.

4 **Information**: Beteiligte über das Projekt und den tatsächlichen Sachstand informieren.

5 **Organisation**: Sicherstellen, dass Klarheit über Aufgaben, Zuständigkeiten und Befugnisse besteht.

6 **Kommunikation**: Mit dem Projektumfeld gute Vereinbarungen über die Art der Kommunikation treffen.

Controlling findet kontinuierlich statt und zumindest am Ende jeder Phase. Die Vorstellung, dass man sich um eine Terminplanung nach der Erstellung nicht mehr zu kümmern brauche, geht nicht auf. Regelmäßig müssen die diversen Pläne geprüft und korrigiert werden. Zumindest bei jedem Phasenübergang ist zu untersuchen, ob die Pläne noch stimmen und ob sie sich präzisieren lassen. Die Aufstellung und Korrektur von Plänen verlangt den Rückblick und vor allem die Vorausschau: die Einschätzung, was zukünftig noch zu geschehen hat, und ob Zusagen in Zukunft noch stets wahr gemacht werden können.

Sorgen Sie bei den Kontrollaspekten für Klarheit im Hinblick darauf,

» was die Norm (Vereinbarung, Anforderung ...) ist und worauf sie basiert;

» wer auf welche Weise wie oft den Sachstand ermittelt;

» wie anhand der Informationen zum Sachstand eine Fortschrittsmeldung erstellt wird;

» wer aufgrund des erhaltenen Einblicks zu Kurskorrekturen befugt ist.

Controlling wird erst möglich, wenn für jeden Kontrollaspekt eine Norm aufgestellt wurde. Mit „Norm" ist eine vorab getroffene Vereinbarung (Standard, Anforderung, Auftrag, Plan) zum betreffenden Kontrollaspekt gemeint. Diese Norm bildet die Ausgangsbasis für das weitere Projektcontrolling. Wird diese Norm überwacht und ständig auf ihren Realitätsgehalt überprüft und bei Bedarf korrigiert, dann kommen Projekte nie zu spät (sondern an einem neuen Endtermin), werden sie nie zu teuer (sondern es gibt neue Kostenschätzungen), sind die Spezifikationen umgesetzt, wurden Änderungen kontrolliert durchgeführt und haben die richtigen Personen am Ergebnis mitgearbeitet. Wichtig ist, dass die Norm stets mit einem Spielraum versehen ist. Denn ohne Spielraum ist Steuerung unmöglich!

Um herauszufinden, ob sich das Projekt auf dem richtigen Kurs befindet, wird daher ständig der Sachstand ermittelt. Das bedeutet, dass Informationen über aufgewendete Zeit und Mittel, qualitative Aspekte und geplante Aktivitäten übergeben werden. Dies kann zu drei Resultaten führen:

» Wir halten die Norm ein: Prüfen Sie die Zuverlässigkeit der Fortschrittsinformationen und fahren Sie fort.

» Wir überschreiten die Norm, aber halten die Spielräume ein: Ermitteln Sie den Grund für die Überschreitung und ergreifen Sie bei Bedarf Maßnahmen, um einer Verschlimmerung vorzubeugen.

» Wir überschreiten die Norm und die Spielräume: Sofort eingreifen, soweit möglich den Vertrag ändern oder im Extremfall das Projekt stoppen.

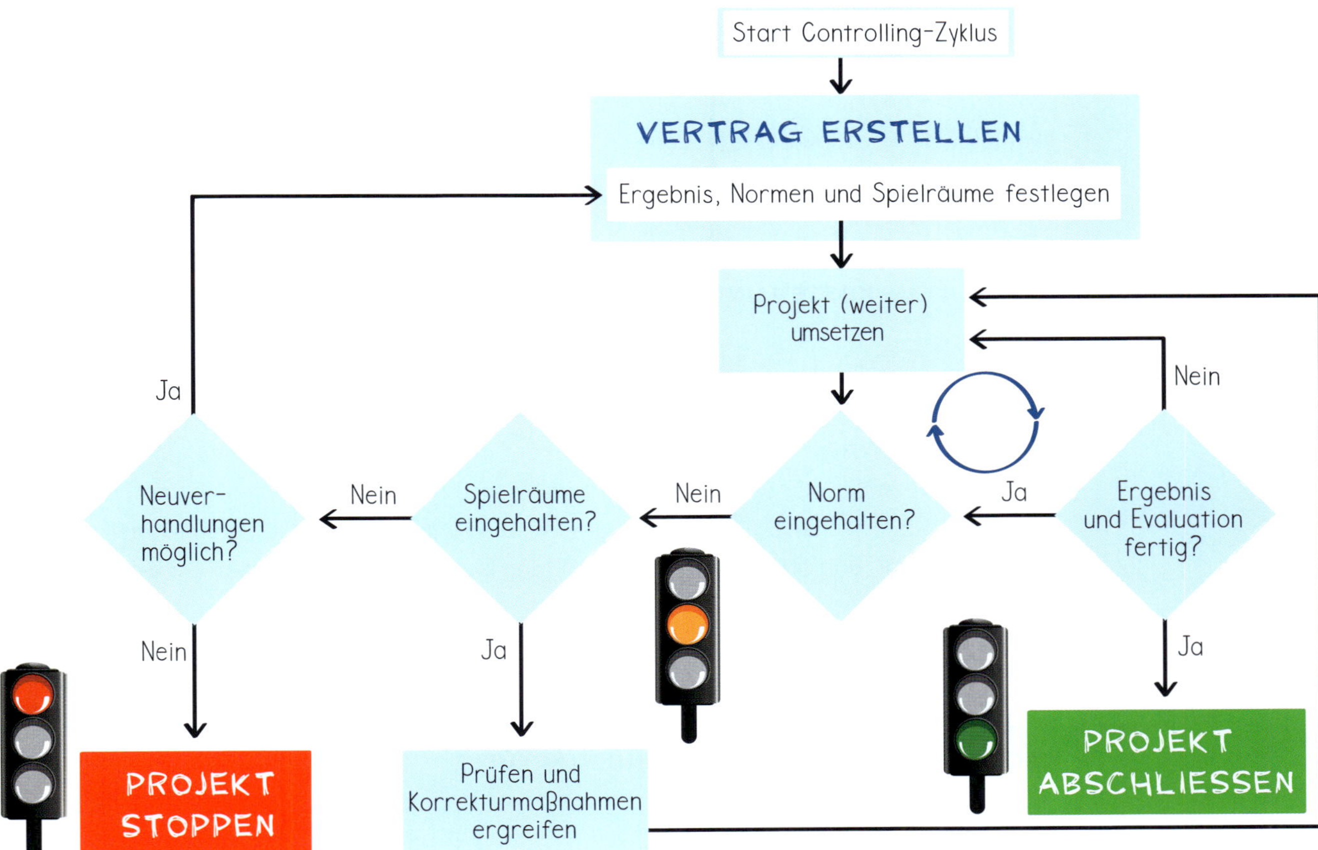

ABBILDUNG 4.13 PROJEKTCONTROLLING-ZYKLUS

1 ZEIT: DURCHLAUFZEIT UND KAPAZITÄT MANAGEN

Gutes Zeitmanagement ermöglicht die fristgerechte Durchführung aller Projektaktivitäten, was zu einer rechtzeitigen Fertigstellung des Projektergebnisses führt. Die Erfahrung lehrt, dass sich Einzelheiten der Aktivitäten am besten in enger Abstimmung mit den Personen festlegen lassen, die später die betreffenden Aktivitäten ausführen werden. Es ist wichtig, anschließend für die einzelnen inhaltlichen Aktivitäten die benötigten personellen Kapazitäten (in qualitativer und quantitativer Hinsicht und mit Spielräumen) zu ermitteln. Die Fortschrittsüberwachung in puncto Zeit zielt auf einen korrekten Ablauf im Hinblick auf die geplante Durchlaufzeit und den Mitarbeitereinsatz ab.

2 FINANZEN: KOSTEN UND ERTRÄGE MANAGEN

Über Finanzcontrolling wird sichergestellt, dass das Projekt (Arbeit und Ergebnis) nach vorab getroffenen Vereinbarungen zustande kommt. Dazu werden Teilprojekten und Verantwortlichen Budgets (mit Spielräumen) zugewiesen – detaillierte Budgets (mit geringen Spielräumen) für die nächste Phase und grobe Budgets (mit größeren Spielräumen) für die nachfolgenden Phasen. Dadurch wird das Projekt beherrschbar. Die Fortschrittsüberwachung in puncto Finanzen beschäftigt sich nicht nur mit der recht- und zweckmäßigen Verwendung finanzieller Mittel, sondern auch mit der Recht- und Zweckmäßigkeit noch zu tätigender Ausgaben. Schließlich ist bei bereits getätigten Aufwendungen kaum noch eine Einflussnahme möglich.

3 QUALITÄT: SICHERSTELLEN, DASS DAS ERGEBNIS GUT GENUG IST UND NACHWEISLICH DIE ANFORDERUNGEN ERFÜLLT

Qualitätscontrolling macht es möglich, dass das Ergebnis zuvor festgelegten messbaren Anforderungen entspricht (nach dem Motto: gut ist gut genug). Dazu müssen Anforderungen (mit Spielräumen) an das Projektergebnis gestellt werden. Zur Ermöglichung eines Controllings muss klar sein, wie und von wem nachgewiesen wird, in welchem Umfang welche Qualitätsanforderungen erfüllt sind. Zum Qualitätscontrolling gehören die Prüfung, das Testen, die Bewertung und die Kontrolle der Qualität des entstehenden Projektergebnisses.

INTERMEZZO

Die zuvor beschriebenen drei Kontrollaspekte sind anderer Natur als die drei folgenden. Bei *Zeit*, *Finanzen* und *Qualität* verfügt das Projektteam auch über ein wenig Handlungsspielraum. Es besteht bis zu einem gewissen Grad eine gegenseitige Austauschbarkeit zwischen diesen drei Kontrollaspekten und Projektinhalten. Sie kann bei Bedarf vom Projektteam in Anspruch genommen werden, indem es bei Zeitmangel mehr Arbeitskräfte (Geld) einsetzt oder indem es sich bei Budgetknappheit mit einer etwas geringeren Funktionalität begnügt (Spielräume einhalten!). Zumindest bei einem der drei Aspekte sollten großzügige Spielräume vorhanden sein. Das Team wird mit dem Auftraggeber sorgfältig besprechen müssen: Welche Aspekte sind für ihn wichtig und welche Bereiche sind ggf. anpassbar? Ist bei keinem dieser drei Aspekte auch nur der geringste Spielraum vorhanden und das Projekt erleidet einen Rückschlag, „misslingt" es auch in inhaltlicher Hinsicht. Denn ein Ergebnis wird nicht unter Einhaltung des vereinbarten Zeit-, Finanz- oder Qualitätsrahmens geliefert.

4 INFORMATION: BETEILIGTE ÜBER DAS PROJEKT UND DEN TATSÄCHLICHEN SACHSTAND INFORMIEREN

Beginnen wir mit dem Grundsatz, dass Veränderungen bei einem Projekt normal sind und ständig Änderungen auftreten. Je mehr sich ändert, desto wichtiger ist die Protokollierung des „Letztgültigen". Dafür ist Informationsmanagement gefragt. Es muss zu jedem Zeitpunkt klar sein, wie die Aufzeichnung von Entscheidungsvorlagen erfolgt, welchen Status sie haben, wie sie verteilt werden, wo sie zu finden sind und wie sie sich ändern lassen. Bei der Fortschrittsüberwachung in puncto Projektinformationen gilt es zu überwachen, dass die Interessenträger bestimmte Entscheidungsvorlagen und Dokumente zur Kenntnis genommen haben. Es geht dabei nur um Entscheidungsvorlagen und Dokumente mit der aktuell gültigen Beschreibung des Projektergebnisses und der inhaltlichen Arbeit. In den Status von Änderungsanträgen dazu bietet die Fortschrittsüberwachung ständig Einblick.

5 ORGANISATION: SICHERSTELLEN, DASS KLARHEIT ÜBER AUFGABEN, ZUSTÄNDIGKEITEN UND BEFUGNISSE BESTEHT

Organisationsmanagement ermöglicht es, alle Projektaktivitäten von Mitarbeitern ausführen zu lassen, die dazu in der Lage und bereit sind, sodass ein Projektergebnis zustande kommt, das formal akzeptiert wird. Beim Organisationsmanagement geht es um die Festlegung von Aufgaben, Zuständigkeiten und dafür benötigten Befugnissen der diversen Beteiligten, z. B. des Auftraggebers, des Projektleiters und der Projektmitarbeiter, und um die dafür erforderlichen Dialogstrukturen (Auftraggeber, Lenkungsausschuss, Projektteam). Außerdem ist der Aufbau einer temporären Organisation notwendig, worin definiert ist, wer worüber entscheiden darf, wer in Bezug auf wen und wie Führungsaufgaben ausübt und wer mit welchen inhaltlichen Aktivitäten betraut ist, aber auch wie mit Konflikten umgegangen wird. Danach muss der Projektleiter sicherstellen, dass auch dementsprechend gehandelt wird und die Zusammenarbeit und Kommunikation innerhalb und außerhalb des Projekts überwacht werden.

6 KOMMUNIKATION: GUTE VEREINBARUNGEN ÜBER DIE ART DER KOMMUNIKATION MIT DEM PROJEKTUMFELD TREFFEN

Beim Kommunikationsmanagement wird festgelegt, auf welche Weise die Kommunikation seitens des Projekts und über das Projekt erfolgt. Dabei geht es um die Pflege von Kontakten zwischen dem Projekt und dem Umfeld (Benutzern, Linienmanagern, Interessenträgern usw.) In vielen Fällen wird dafür ein Kommunikationsplan erstellt, der eine Analyse und Vereinbarungen bezüglich Zielgruppen, Botschaften, Medien etc. sowie Angaben zur Gestaltung der Kommunikation enthält. Damit hat das Projektteam ein Lenkungsinstrument für diesen Bereich in der Hand.

Anfangs ist die genaue Ermittlung realistischer Vereinbarungen oft noch schwierig, insbesondere wenn die Organisation mit Planungen und Kostenschätzungen für Projekte nicht viel Erfahrung hat. Deshalb ist es sinnvoll, großzügige Spielräume vorzusehen, zu akzeptieren, dass das Bild erst im Laufe der Zeit klarer wird, und mit einem Anfangsbudget für das erste Halbjahr und festgelegten Zeitpunkten für die Entscheidung über die Folgefinanzierung zu beginnen. Bei Kleinprojekten ist das Controlling eine wichtige, aber hinsichtlich Intensität und Zeitaufwand sehr überschaubare

Aufgabe. Für ein kleines Projekt passen die Antworten auf die zuvor genannten Fragen – sofern relevant – auf zwei Seiten. Bei komplexen Großprojekten kann der ausgedruckte Zeitplan schon einmal einen zentimeterhohen Papierstapel ergeben.

Ein Schlussgedanke: Die Erstellung von Plänen ist nur dann sinnvoll, wenn es Menschen gibt, die dazu bereit und in der Lage sind, gemäß den getroffenen Vereinbarungen zu handeln.

ENTSCHEIDEN: DER BESCHLUSS AUFZUHÖREN ODER WEITERZUMACHEN

Entscheiden bedeutet die Einbeziehung von Phaseneinteilung und Controlling. Dabei geht es hauptsächlich um die *Wahl* zwischen Alternativen, die *Genehmigung* von Vorschlägen und Maßnahmenplänen, die *Akzeptanz* der Konsequenzen und die *Entlastung* in Bezug auf die verrichtete Arbeit. Entscheiden hat immer zwei Seiten: Einerseits wird festgehalten und genehmigt, was zum betreffenden Zeitpunkt realisiert wurde, andererseits wird – erneut, aber jedes Mal spezifischer und detaillierter – all das genehmigt, was noch zu geschehen hat.

Entscheiden ist Aufgabe des Auftraggebers. Er entscheidet bei jedem Phasenübergang, ob das Projekt in die nächste Phase geht oder abgebrochen wird, nach dem Motto: Es ist besser, auf halbem Wege umzukehren, als auf dem falschen Weg zu bleiben.

Bei den Entscheidungen in den Phasenübergängen werden das zum betreffenden Zeitpunkt bekannte Ergebnis und die noch auszuführenden inhaltlichen Aktivitäten in die Managementpläne integriert.

Fazit: Bei der Projektarbeit sind Intuition, sorgfältige Analyse, klare Pläne und Handlungsorientierung gefragt. Projekte finden fast immer in einem Umfeld voller Überraschungen, Verwirrung und Zufälligkeiten statt. Deshalb sind genaue Vorhersagen und Planungen unmöglich, aber das befreit das Team nicht davon, sie anzustreben.

Ausgefüllte Project Canvas-Beispiel

BEISPIEL 1

PROGRAMMVERTRAG FÜR NACHHALTIGKEITSPROGRAMM

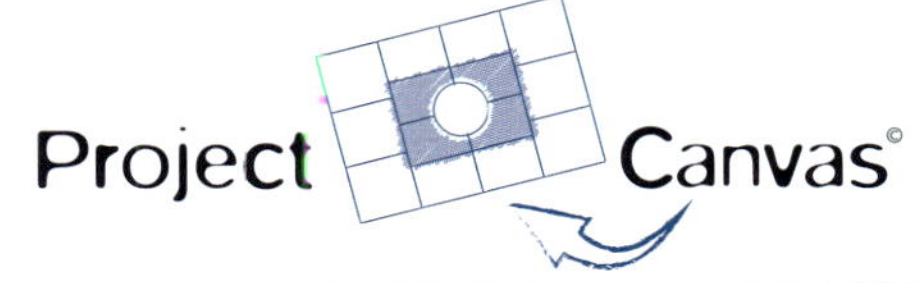

NAME: Programmvertrag für Nachhaltigkeitsprogramm

DATUM:

Auftraggeber

Umweltreferat/
Leiter des Umweltreferats

RAHMENBEDINGUNGEN

Geltende Politik berücksichtigen.

QUALITÄT

Plan wird von der wichtigsten Gruppe von Parteien in der Gemeinde, die einen Bezug zum Thema haben (Nachhaltigkeitsrat), unterstützt.

VORGEHENSWEISE

Übersicht über alle laufenden Initiativen und die geltende Nachhaltigkeitspolitik erstellen.
Vorschläge entwickeln.
Mit dem Nachhaltigkeitsrat abstimmen.
Programmvertrag erstellen.

PROBLEM/HERAUSFORDERUNG

Es passiert schon viel im Bereich Nachhaltigkeit, aber die Aktivitäten werden nicht ausreichend aufeinander abgestimmt. Anstrengungen intensivieren.

ZIELE

Überblick über Interventionen im Bereich Nachhaltigkeit. Der Nachhaltigkeitspolitik mit neuen Interventionen Impulse geben. Politikziele präziser formulieren.

INTERESSENTRÄGER

Einwohner
Gemeinderat
Gemeindevorstand
Dezernenten
Abteilung Bürgerangelegenheiten
Diverse Parteien in der Gemeinde

ERGEBNIS

Ein amtlich genehmigter Programmvertrag für ein Nachhaltigkeitsprogramm, der den Gemeindeinstanzen vorgelegt wird.

RISIKEN

Wir wollen zu viel in zu kurzer Zeit; Verfügbarkeit des notwendigen Sachverstands; unzureichende Unterstützung durch Interessenvertreter

HINTERGRUND

Nachhaltigkeit in der Gemeinde ist von wesentlicher Bedeutung für eine gesunde Zukunft; hier möchten wir uns von anderen abheben.

ABGRENZUNG

Nur Programmvertrag erstellen. Entscheidungsprozess in Gemeinde ist nicht Teil des Projekts. Nach Verwaltungsentscheidung folgt Umsetzung in separater Programmorganisation.

PROJEKTTEAM

Maria (Projektleiterin), Marcel, Theo, Mathijs, Minette, Jaap, Martin (jeder 2–3 Tage pro Woche)

ZEIT

Vertrag muss Mitte Oktober 2018 fertig sein;
Programmstart am 1. 1. 2019

GELD

Für die Erstellung des Programmvertrags stehen 15.000 € zur Verfügung.

ABHÄNGIGKEITEN

Andere Programme im sozialen Bereich; Budgetmöglichkeiten; Initiativen anderer Behörden

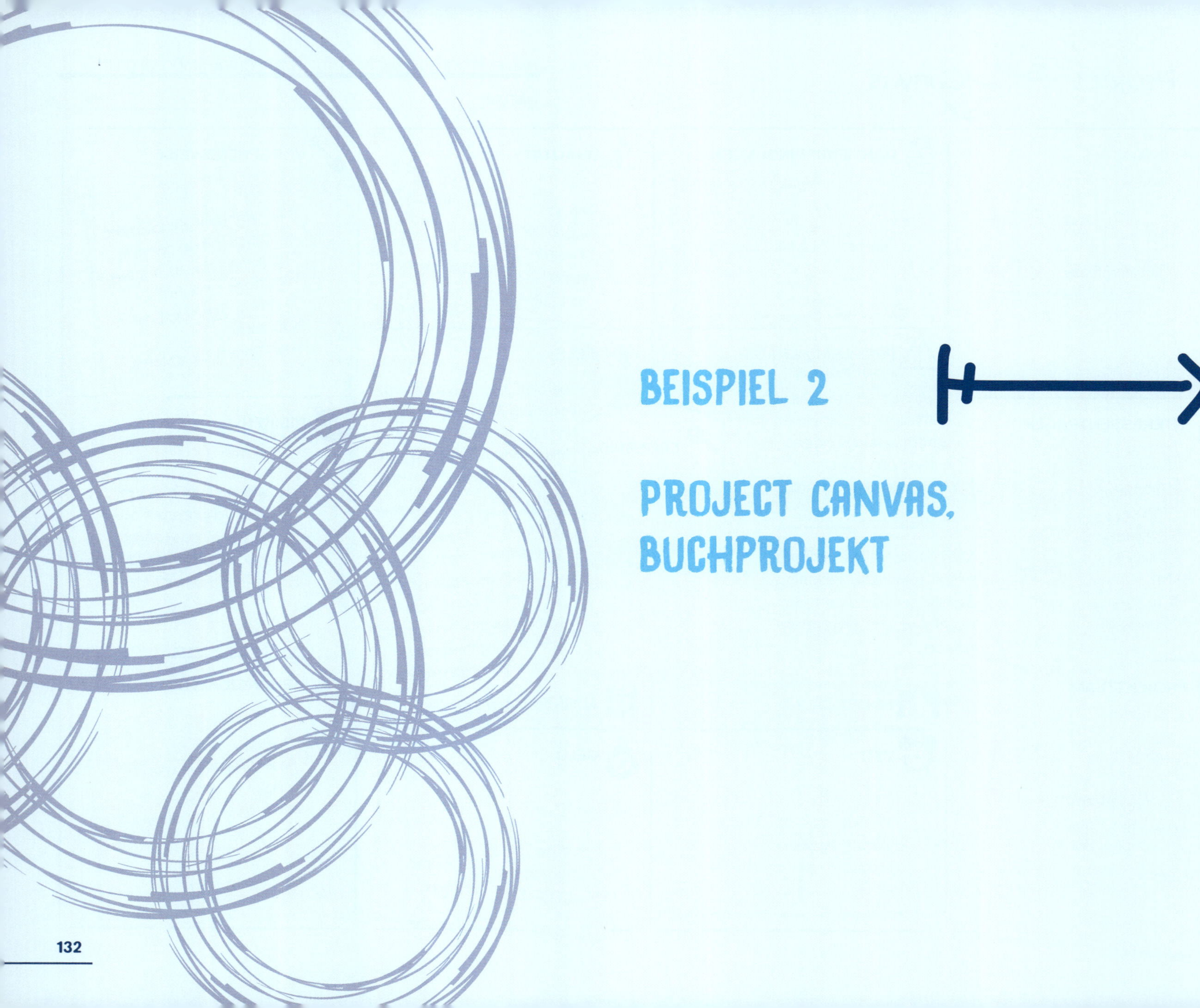

BEISPIEL 2

PROJECT CANVAS, BUCHPROJEKT

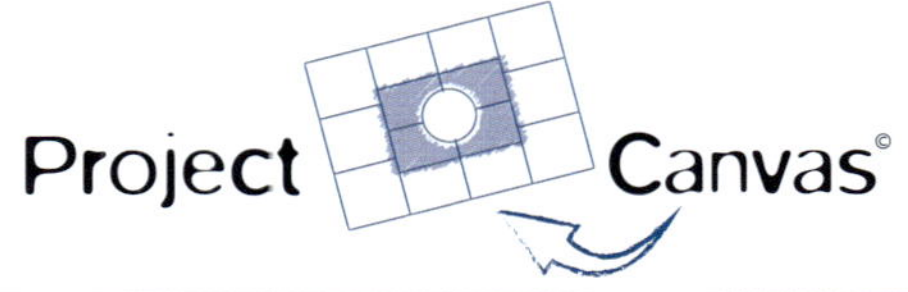

NAME: Project Canvas, Buchprojekt

DATUM: 11. Dezember 2015

AUFTRAGGEBER

Im Auftrag von Twynstra Gudde und Jo Bos & Co: J Voerman, Geschäftsführer von Twynstra Gudde

RAHMENBEDINGUNGEN

Gestaltungsanforderungen seitens des Verlags in Bezug auf Maße; Rechtschreibung nach in den Niederlanden geltenden Rechtschreibregeln (Groene Boekje)

QUALITÄT

Über Projektmanagementansätze hinausgehende Vorgehensweise und Qualität; prägnant und handlungsorientiert; ähnliche Gestaltung wie Program Canvas

VORGEHENSWEISE

Nach den Prinzipien des agilen Ansatzes; Arbeit in kurzen Sprints und mit Zwischenprodukten; mit einer Konzeptfassung experimentieren und Erfahrungen einfließen lassen.

PROBLEM/HERAUSFORDERUNG

Projektmanagementansätze sorgen nicht genug für ein werbendes Instrument für die „Projektleitdokumentation“. Die Autoren wollen einen Beitrag zur Weiterentwicklung des Fachs Projektmanagement leisten, unabhängig vom gewählten Ansatz

ZIELE

Engagiertere Projektteams; bessere Projektgrundlage; stärkere Profilierung der beiden Beratungsunternehmen

ERGEBNIS

Gedrucktes Buch

INTERESSENTRÄGER

Verlag Vakmedianet
Beratungsunternehmen TG und JB&C
IPMA Niederlande
Projektmanager
Auftraggeber
Teammitglieder
Ausbildende im Bereich PM

RISIKEN

Andere Tätigkeiten durchkreuzen die Planung. Es wird kein Konsens über inhaltliche Aspekte erreicht.

HINTERGRUND

Project Canvas wurde 2016 eingeführt. Es gibt mehrere Vorgehensmodelle für Projekte, aber es fehlt ein größter gemeinsamer Nenner.

ABGRENZUNG

Druck, Werbung, Verkauf, Verbreitung

PROJEKTTEAM

Rudy Kor (PL),
Theo van der Tak,
Jo Bos,
Redakteur und Designer des Verlags

ZEIT

Ende Mai 2016 Manuskript beim Verlag;
bei der Kostenschätzung veranschlagen Autoren keine Arbeitsstunden;
Besprechung alle 4 Wochen
(Buch gedruckt August 2016)

GELD

Herstellungskosten für Zwischenprodukte: 1200 Euro

ABHÄNGIGKEITEN

Website Project Canvas

5

Vergleich dreier Methoden mit dem Project Canvas

DAS PROJECT CANVAS BASIERT AUF DEN IN DEN BÜCHERN "PROJECTMATIG CREËREN" (PROJEKTBASIERTES GESTALTEN) UND "WERKEN AAN PROJECTEN" (PROJEKTBASIERTES ARBEITEN) BESCHRIEBENEN IDEEN. DENNOCH EMPFIEHLT ES SICH, KURZ DIE VERSCHIEDENEN PROJEKTMANAGEMENTANSÄTZE ZU BETRACHTEN UND ZU UNTERSUCHEN, WIE SIE SICH IN IHREN DENKWEISEN VONEINANDER UNTERSCHEIDEN. DIESE UNTERSCHIEDE KÖNNTEN MÖGLICHERWEISE AUCH EINFLUSS AUF DIE VERWENDUNG DES CANVAS HABEN. IN DIESEM KAPITEL ORDNEN WIR DAS PROJECT CANVAS IN DIE METHODEN PRINCE2, PMBOK / ISO 21500 UND AGILEPM/SCRUM EIN.

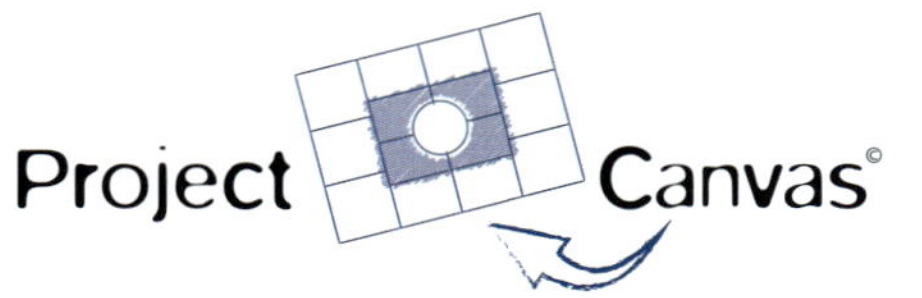

NAME:

DATUM:

AUFTRAGGEBER	RAHMENBEDINGUNGEN	QUALITÄT	VORGEHENSWEISE
INTERESSENTRÄGER	PROBLEM/HERAUS-FORDERUNG	ZIELE	RISIKEN
	ERGEBNIS		
PROJEKTTEAM	HINTERGRUND	ABGRENZUNG	ABHÄNGIGKEITEN
	ZEIT	FINANZEN	

WORIN

WER

WAS

WIE

WOMIT

ABBILDUNG 5.1 DIE KERNFRAGEN DES PROJECT CANVAS

Die verschiedenen Methoden unterscheiden sich hinsichtlich ihres kulturellen Hintergrunds und Detaillierungsgrads. So hat *Project Management Body of Knowledge*, kurz PMBOK genannt, amerikanische Wurzeln. Projektbasiertes Arbeiten, PRINCE2 und Projektbasiertes Gestalten sind europäischen Ursprungs, wobei PRINCE2 angelsächsische Züge trägt und Projektbasiertes Arbeiten und Gestalten rheinische Merkmale aufweisen. Letztere sind stärker auf den Menschen ausgerichtet, grundlegender und eher konzeptioneller Natur. Bei der individuellen Ausgestaltung ist von den Benutzern Maßarbeit gefragt. PMBOK und PRINCE2 bieten sehr ausführliche Handbücher mit Formatvorlagen und Checklisten. Je nach Situation sind Abweichungen und eine selektive Anwendung erforderlich. AgilePM ist ein Projektmanagementansatz innerhalb der agilen Strömung, der unter anderem auch Scrum angehört. Diese Strömung hat vor allem in den letzten Jahren große Popularität erlangt. Die Norm ISO 21500 gilt derzeit als Leitfaden, in dem beschrieben ist, welche Prozesse sich in einem Projekt unterscheiden lassen und zu welchen Dokumenten diese Prozesse führen. Die ISO-Norm bietet in viel geringerem Umfang als PRINCE2 und PMBOK konkrete Instrumente, die erläutern, wie Pläne erstellt werden und was sie beinhalten sollen. Sie weist so viele Übereinstimmungen mit PMBOK auf, dass wir beide zusammen behandeln.

Die 15 Elemente des Project Canvas haben wir der Übersichtlichkeit halber in Gruppen zusammengefasst, wie in Abbildung 5.1 dargestellt. Bei den jeweiligen Methoden werden wir diese Gruppen kurz durchgehen.

PRINCE2

PRINCE2 ist eine Projektmanagementmethode, die auf das Management, die Steuerung und die Organisation von Projekten ausgerichtet ist. Die Methode wurde von der britischen Regierungsbehörde Office of Government Commerce (OGC) entwickelt und überarbeitet (heute Axelos). Der Ansatz beinhaltet siebenGrundprinzipien, sieben Themen und sieben Prozesse. Ob ein Projekt ein PRINCE2-Projekt ist, darüber entscheidet nicht die strikte Verwendung von Themen oder Prozessen, sondern nur die Anwendung der Grundprinzipien. PRINCE2 ist eine strukturierte Methode, die nach Maß auf die jeweilige Organisation abgestimmt wird.

PRINCE2

GRUNDPRINZIPIEN	THEMEN	PROZESSE
Fortlaufende geschäftliche Rechtfertigung	Business Case	Vorbereiten eines Projekts
Lernen aus Erfahrungen	Organisation	Lenken eines Projekts
Definierte Rollen und Verantwortlichkeiten	Qualität	Initiieren eines Projekts
Steuern über Managementphasen	Pläne	Managen eines Phasenübergangs
Steuern nach dem Ausnahmeprinzip	Risiken	Steuern einer Phase
Produktorientierung	Änderungen	Managen der Produktlieferung
Anpassen an die Projektumgebung	Fortschritt	Abschließen eines Projekts

ABBILDUNG 5.2 DIE 7 GRUNDPRINZIPIEN, THEMEN UND PROZESSE VON PRINCE2

WELCHEN PLATZ KANN PROJECT CANVAS BEI PRINCE2 EINNEHMEN?

Wir haben die aktuelle Ausgabe der Methode (2009) herangezogen, um einen Bezug zum Project Canvas herzustellen. Ein Project Canvas kann aus unserer Sicht in erster Linie als *Projektbeschreibung* dienen. Das ist das erste Dokument, das erstellt werden muss, nachdem das *Projektmandat* erteilt wurde.
Das Projektmandat ist der Input für den ersten Prozess: *Vorbereiten eines Projekts*. Der Begriff Projektmandat ist auf alle Informationen anwendbar, die als Auslöser für das Projekt verwendet werden, ganz gleich, ob es sich um eine Machbarkeitsstudie oder den Eingang einer Angebotsanfrage handelt. Eine erste Fassung des Canvas mit minimalen Angaben könnte auch als Projektmandat dienen.

Mit der Projektbeschreibung wandelt das Projektteam das Projektmandat in einen konkreten Vorschlag um und legt ihn dem *Lenkungsausschuss* vor. Eine genehmigte Projektbeschreibung bildet die Ausgangsbasis für den Prozess *Initiieren eines Projekts*. Die *Projektleitdokumentation*, die in der Initiierungsphase zusammengestellt wird, ist zu umfangreich für das, was ein Canvas leisten soll, nämlich eine Darstellung der Grundzüge.

WIE WERDEN DIE ELEMENTE VON PROJECT CANVAS BEI PRINCE2 BEHANDELT?

WAS (HINTERGRUND, PROBLEM, ZIELE, ERGEBNIS, ABGRENZUNG)?

Bei PRINCE2 wird die Aufgabenstellung des Projekts in der *Projektdefinition* der Projektbeschreibung beschrieben. Die Elemente tauchen auch im *Business Case*, einem weiteren Bestandteil der Projektbeschreibung, wieder auf.

Das Element *Hintergrund* wird nur am Rande behandelt. In der Projektbeschreibung findet sich aber bei der Projektdefinition der Hinweis, dass dort u. a. der *Hintergrund* beschrieben werden soll. Im Projektmandat und im Business Case wird gleich zu Beginn auf die Gründe für ein Projekt eingegangen. Damit ist gemeint, was wir unter *Problem/Herausforderung* verstehen.

Wo wir im Project Canvas das Element *Ziele* hervorheben, ist in PRINCE2 von *Nutzen (Benefits)* die Rede. Ein Nutzen ist eine messbare Verbesserung, die Folge eines Endergebnisses ist und von einem oder mehreren Stakeholdern als Vorteil betrachtet wird. Hier wird das Endergebnis als Folge der durch die Nutzung des Projekt-Outputs bewirkten Veränderung beschrieben. Der Nutzen taucht im Business Case und im *Nutzenrevisionsplan (Benefits Review Plan)* wieder auf.

Das *Ergebnis* wird bei PRINCE2 als Output bezeichnet. Auch die Bezeichnung *Umfang* (Scope) wird (unter dem Oberbe-

griff Kontrollaspekte) verwendet, wobei es um die Frage geht, was genau das Projekt liefern wird. Beide Begriffe beziehen sich auf das Gleiche. In der *Produktbeschreibung des Projektendprodukts (Project Product Description)* werden das angestrebte Projektergebnis und in den *Produktbeschreibungen (Product Descriptions)* die Teil- und Zwischenergebnisse beschrieben. Wo bei uns von *Abgrenzung* die Rede ist, werden bei PRINCE2 die Begriffe *Ausschluss* oder *Out of Scope* verwendet. Die Unterteilung in zu erstellende Produkte wird beim Thema *Pläne* behandelt und steht im Einklang mit dem Grundprinzip Produktorientierung.

WER (AUFTRAGGEBER, INTERESSENTRÄGER, PROJEKTTEAM)?

Die Festlegung der Struktur von Befugnissen und Verantwortlichkeiten im Projekt wird bei PRINCE2 unter dem Thema *Organisation* behandelt. Das Thema *Organisation* steht im Einklang mit dem Prinzip *Definierte Rollen und Verantwortlichkeiten.*

In der Projektorganisation wird zwischen drei Ebenen differenziert: (1) Lenkung durch den *Lenkungsausschuss (Project Board)*, (2) Management durch den *Projektmanager* und (3) Übergabe durch den oder die *Teammanager*. Zusammen mit einigen weiteren Rollen bilden diese drei Ebenen das *Projektmanagementteam*.

Den *Auftraggeber* (Executive) findet man im Lenkungsausschuss vor, dem auch der *Benutzervertreter (Senior User)* und der *Lieferantenvertreter (Senior Supplier)* angehören. Beim Project Canvas haben wir nur dem Auftraggeber ausdrücklich einen eigenen Platz zugewiesen. Die anderen Rollen im Lenkungsausschuss können bei den Interessenträgern aufgeführt werden.

Unsere Auffassung von einem *Projektteam* unterscheidet sich leicht von einem Projektmanagementteam bei PRINCE2. Was uns betrifft, gehören die Projektmitarbeiter (bei PRINCE2 *Teammitglieder*) auch dazu, ebenso wie andere unterstützende Rollen. Natürlich bietet das Canvas nicht den Raum, die gesamte Projektorganisation mit Vor- und Nachnamen zu benennen, jedenfalls nicht bei Großprojekten. In der Praxis ist eine nur bis zur Teammanagerebene (Teilprojektleiter) reichende Spezifizierung gut machbar.

Selbstverständlich nehmen *Interessenträger (Stakeholder)* auch bei PRINCE2 eine Schlüsselposition ein. Auf die Stakeholder wird beim Thema *Organisation* eingegangen. Bei PRINCE2 wird ausdrücklich von einer Kunden-Lieferanten-Situation ausgegangen und darauf hingewiesen, dass Benutzern und Lieferanten deshalb eine klar definierte Position in der Lenkung und Organisation des Projekts zugewiesen werden muss.

WIE (VORGEHENSWEISE, RISIKEN, ABHÄNGIGKEITEN)?

Das Element *Vorgehensweise* wird bei PRINCE 2 bei den Themen *Pläne und Fortschritt* behandelt. Die Grundprinzipien mit dem stärksten Bezug dazu sind *Produktorientierung* und *Steuern über Managementphasen*. Den Schwerpunkt bildet die Definition der zu übergebenden Produkte über Qualitätskriterien, die sie erfüllen sollen. Das *Was* steht im Mittelpunkt und nicht das *Wie*. Wie die Abnahme von Produkten erfolgen soll, liegt im Verantwortungsbereich der Person, der die Lieferung eines Spezialistenprodukts übertragen wurde.

PRINCE2-Projekte werden in überschaubare Managementphasen unterteilt, die jeweils vor Beginn der nächsten Phase abgeschlossen werden. Am Ende einer Phase findet eine Beurteilung des Projektstatus statt, wonach die Möglichkeit zu Kurskorrekturen besteht. Zum Abschluss wird ein Dokument mit den Ergebnissen der Phase übergeben. Diese können dann mit den Grundsätzen verglichen werden, die zu Beginn der Phase galten. Die Dauer einer Phase ist von Faktoren wie der Erfahrung des Projektmanagers und dem Risikograd des Projekts abhängig.

In der Projektbeschreibung wird der *Projektlösungsansatz* explizit thematisiert. Das bedeutet für das Canvas, dass beim Element *Vorgehensweise* beschrieben wird, zwischen welchen Phasen differenziert wird und welche Hauptprodukte es in den einzelnen Phasen gibt, soweit sich dies überblicken lässt.

Unter *Risiken* wird bei PRINCE2 das Gleiche verstanden wie bei uns. Bei PRINCE2 werden Risiken im Projektlösungsansatz als eigenes Thema behandelt. Für das Project Canvas geht es hauptsächlich um die Benennung der zum betreffenden Zeitpunkt wichtigen Risiken.

Bezüglich *Abhängigkeiten* richtet sich der Fokus bei PRINCE2 insbesondere auf Abhängigkeiten zwischen Aktivitäten und Produkten. Bei dieser Methode wird zwischen zwei Arten von Abhängigkeiten differenziert: internen und externen. Bei internen Abhängigkeiten geht es um Beziehungen zwischen Aktivitäten: Eine Aktivität kann nicht beginnen, bevor eine andere abgeschlossen ist. Externe Abhängigkeiten stehen beispielsweise im Zusammenhang mit der Übergabe eines für das betreffende Projekt notwendigen Produkts durch ein anderes Projekt oder einem Beschluss des Programmmanagements. Für das Project Canvas suchen wir vor allem externe Abhängigkeiten: Beziehungen zu anderen Projekten, Programmen, Änderungsinitiativen und Ähnlichem.

WOMIT (ZEIT, FINANZEN)?

Bei PRINCE2 wird zwischen sechs Kontrollaspekten (oder Toleranzbereichen) unterschieden: *Zeit, Kosten, Qualität, Umfang, Risiken* und *Nutzen*. Darauf wird im Rahmen verschiedener Themen eingegangen: *Pläne, Qualität, Fortschritt, Risiken* und *Business Case*. All diese Aspekte sind im Project Canvas enthalten, zum Teil mit gleichen Bezeichnungen und verteilt über die Gruppen *Womit, Wie* und *Worin*. Mit dem Begriff *Zeit* meinen wir genau das Gleiche. Dies gilt auch für Kosten, aber wir verwenden im Canvas die Bezeichnung *Finanzen*, wobei wir auch die Ertragsseite betrachten (die bei PRINCE2 im Business Case steht).

WORIN (RAHMENBEDINGUNGEN, QUALITÄT)?

Wie bereits erwähnt, wird bei PRINCE2 unter *Qualität* das Gleiche verstanden wie bei uns. Beim Project Canvas suchen wir nach den zum betreffenden Zeitpunkt wichtigsten Anforderungen an das Projektergebnis. Der Begriff *Rahmenbedingungen* wird bei PRINCE2 selten explizit verwendet. Bei der Projektdefinition in der Projektbeschreibung ist zwar von *Einschränkungen* die Rede, aber dies wird kaum näher erläutert.

FAZIT: PROJECT CANVAS PASST GUT ZU PRINCE2

Alles in allem kann man sagen, dass das Project Canvas hervorragend als Projektbeschreibung dienen kann und gut zur Methode PRINCE2 passt. Es gibt viele Berührungspunkte. Im Grunde wird nur das Thema *Änderungen* (Issue Management und Konfigurationsmanagement) nicht im Canvas behandelt, aber das ist nur konsequent, weil es eher die Projektdynamik als die Projektgrundlage beschreibt.

PMBOK und ISO 21500

PMBOK steht für *Project Management Body of Knowledge* und ist eine in den USA eingetragene Marke von Project Management Institute Inc. Es handelt sich dabei um eine gute, solide, ausgeklügelte und international anerkannte Projektmanagementmethode. PMBOK zufolge ist ein Projekt ein zeitlich begrenztes Vorhaben zur Erzeugung eines einmaligen Produkts, einer Dienstleistung oder eines Ergebnisses. Projektmanagement ist die Anwendung der Prozessgruppen: Initiierung, Planung, Ausführung, Überwachung und Steuerung sowie Abschluss.

WELCHEN PLATZ KANN PROJECT CANVAS BEI PMBOK / ISO 21500 EINNEHMEN?

PMBOK zufolge beginnen Projekte mit einem genehmigten Auftrag. Ein nicht zur Projektorganisation gehörender Projektauftraggeber (Sponsor) oder Initiator, der über die finanziellen Mittel verfügt, erteilt den Auftrag. Vorzugsweise wurde der Projektmanager zu diesem Zeitpunkt bereits in den Auftrag einbezogen. Das Project Canvas lässt sich als Dokument betrachten, das vor oder während der Initiierungs- bzw. Initialisierungsphase von PMBOK/ISO 21500 erstellt wird. Bei beiden Ansätzen werden in der entsprechenden Phase Überlegungen über Projektgrenzen, zu erreichende Ziele, das zu liefernde Produkt und die benötigten Mittel sowie Organisationsstruktur, -kultur und -systeme angestellt. Formal gesehen gehört die Auftragserstellung bei PMBOK nicht zum Projekt, weil noch keine Projektfreigabe vorliegt. Außerdem wird bei PMBOK empfohlen, in der Initiierungsphase eine Beschreibung des Projektinhalts und -umfangs zu erarbeiten. Daraus könnte man folgern, dass die Erstellung eines Project Canvas sehr gut in die Initiierungsphase passt.

Streng genommen gibt es bei PMBOK kein Dokument, dessen Inhalt exakt dem des Project Canvas entspricht. Der PMBOK-Auftrag ist ein Dokument, das den Projektleiter ermächtigt, Mitarbeiter und Mittel für das Projekt einzusetzen. Aus der dazugehörigen Prozessbeschreibung geht hervor, dass der Auftrag auch Aspekte beinhaltet wie: Projektziel, Erwartungen von Stakeholdern, Produktanforderungen, Meilensteine, Einschränkungen und eine Investitionsanalyse. Die Grundlage dafür bilden Auftrag, Arbeitsbeschreibung, Umfeldfaktoren und Unternehmensstandards. Ein Großteil der vorläufigen Beschreibung des Projektinhalts und -umfangs ist den Projektinhalten gewidmet, womit sich viele *Was-Fragen* beantworten lassen.

WIE WERDEN DIE ELEMENTE VON PROJECT CANVAS BEI PMBOK / ISO 21500 BEHANDELT?

WAS (HINTERGRUND, PROBLEM, ZIELE, ERGEBNIS, ABGRENZUNG)?

Die Elemente der Gruppe *Was* lassen sich bei PMBOK dem Projektauftrag und der Beschreibung des Projektinhalts und -umfangs entnehmen. Neben einer Beschreibung der Befugnisse des Projektleiters sind im Projektauftrag auch *Anlass,*

Kontext, Ziele und der gewünschte *Output* aufgeführt. Die *Abgrenzung* wird meist in der Beschreibung des Projektinhalts und -umfangs thematisiert. Sie spielt bei PMBOK eine wichtige Rolle. Sie liefert z. B. den Input für die Erstellung eines Projektstrukturplans (Work Breakdown Structure) und des Projektplans.

WER (AUFTRAGGEBER, INTERESSENTRÄGER, PROJEKTTEAM)?

Die Elemente *Auftraggeber*, *Interessenträger* und *Projektteam* werden bei PMBOK als Stakeholder bezeichnet. Stakeholder sind alle Individuen und Organisationen, die Einfluss auf das Projekt haben. Dabei fällt auf, dass Projektauftraggeber (Sponsor), Projektmanager und Projektteam als Stakeholder betrachtet werden. Daneben gibt es den Kunden und die Einflussnehmer, die man bei anderen Methoden ebenfalls als Stakeholder ansieht. Bezüglich des Projektteams gibt es bei PMBOK weitere gesonderte Prozesse, z. B. zum Aufbau und der Entwicklung des Projektteams. Für die Einflussnehmer sieht PMBOK einen Stakeholder-Management-Prozess vor.

WIE (VORGEHENSWEISE, RISIKEN, ABHÄNGIGKEITEN)?

Bei PMBOK gibt es keinen mit dem Element *Vorgehensweise* vergleichbaren Bestandteil. Die Grundlage bilden fünf Prozessgruppen: Initiierung (ISO: Initialisierung), Planung, Ausführung (ISO: Umsetzung), Überwachung und Steuerung (ISO: Controlling) sowie Abschluss. Innerhalb der Prozessgruppen wird bei PMBOK zwischen einer Vielzahl von Prozessen differenziert. Mit allen Prozessen sind Inputs und Outputs verknüpft. Dadurch ist PMBOK recht umfassend. Es wird ausdrücklich darauf hingewiesen, dass Projektmanager nicht alle Prozesse durchlaufen müssen. Sie sollen nur die Prozesse übernehmen, die ihres Erachtens für ein konkretes Projekt erforderlich sind. Für Risiken ist ein klar abgegrenzter Prozess vorgesehen: der Risikomanagementprozess. PMBOK bietet detaillierte Anleitungen zu Risikoanalyse, Risikomanagement und einem Risikoregister – viel detaillierter als für das Project Canvas nötig.

Zur Ermöglichung einer Anwendung dieser Prozesse werden bei PMBOK zehn Wissensgebiete (ISO: Themengruppen) benannt. Alle tauchen in den Prozessgruppen wieder auf und sind im Grunde Ausarbeitungen zu den Prozessgruppen. Auch die Wissensgebiete beinhalten zahlreiche Prozesse mit eigenem Input und Output. Es geht um folgende Wissensgebiete: Integrationsmanagement, Inhalts- und Umfangsmanagement (ISO: Inhalt), Terminmanagement (ISO: Zeit), Kostenmanagement, Qualitätsmanagement, Personalmanagement (ISO: Ressourcen), Kommunikationsmanagement, Risikomanagement, Beschaffungsmanagement und Stakeholder-Management.

WOMIT (ZEIT, FINANZEN)?

Auf die Elemente *Zeit* und *Finanzen* wird bei PMBOK großes Augenmerk gelegt. Die hierfür benötigten Informationen liefern die Prozesse Termin- und Kostenmanagement. In diesen Gebieten ist die Methode sehr weitreichend, was für ein Project Canvas nicht nötig ist.

WORIN (RAHMENBEDINGUNGEN, QUALITÄT)?

Angaben zu *Rahmenbedingungen* und *Qualität* sind in der Beschreibung des Projektinhalts und -umfangs zu finden. Davon gibt es eine vorläufige und eine endgültige Fassung. Letztere wird erst nach der Genehmigung des Projektplans erstellt. Daher ist für das Project Canvas die vorläufige Fassung relevant. In dieser Beschreibung wird auf die Anforderungen und Eigenschaften des angestrebten Produkts sowie Akzeptanzkriterien, Projektgrenzen und -einschränkungen (worunter Rahmenbedingungen zu verstehen sind) eingegangen. Dieses Dokument basiert auf Informationen, die vom Projektauftraggeber oder Initiator erteilt wurden. Später arbeitet das Projektteam mit der endgültigen Fassung des Dokuments weiter.

FAZIT: DAS PROJECT CANVAS LÄSST SICH MIT PMBOK- / ISO 21500-PROZESSEN HERVORRAGEND ERSTELLEN

Der Detaillierungsgrad der beschriebenen Prozesse einschließlich Input und Output erleichtert die Erstellung eines Project Canvas anhand der zu einem Projektauftrag und einer Beschreibung des Projektinhalts und -umfangs führenden Prozesse. Benutzer sollten allerdings beachten, dass die Elemente *Auftraggeber*, *Projektteam* und *Interessenträger* bei PMBOK / ISO 21500 in der Gruppe der Stakeholder zu finden sind.

AgilePM und Scrum

Agil ist ein Begriff, der sich in den vergangenen Jahren stark verbreitet hat. Es steht für mehr als nur eine Methode, nämlich für eine Philosophie, eine Denk- und Arbeitsweise. 2001 wurde der Begriff im *Manifesto for Agile Software Development*, dem *Agilen Manifest* verankert. Mittlerweile haben agile Ansätze auch ihren Weg in andere, nicht auf Softwareentwicklung ausgerichtete Projekte gefunden. Die unterschiedlichsten Vorgehensmodelle wie Scrum, Kanban und Lean Six Sigma sind Teil der agilen Familie und werden immer stärker miteinander verknüpft.

Bei den meisten nach agilen Prinzipien funktionierenden Methoden erfolgt die Produktentwicklung in kurzen, überschaubaren Zeitabschnitten: *Iterationen*. Jede Iteration ist selbst ein Planung, Analyse, Entwurf, Tests und Dokumentation umfassendes Miniaturprojekt. Geplant ist, nach jeder Iteration etwas Brauchbares zu liefern. Am Ende wird das Produkt präsentiert und getestet, Produkt und Prozess werden bewertet. Die Betrachtung des Produkts trägt zur Konkretisierung bei und führt zu neuen Ideen. Man erkennt schnell, ob man auf dem richtigen Weg ist, und macht nicht mehr, als überschaubar und erwünscht ist. Vieles dreht sich um Selbstorganisation und persönlichen Kontakt – innerhalb des Teams und mit Kunden oder Benutzern.

Im Hinblick auf die Einordnung des Project Canvas haben wir beschlossen, uns hauptsächlich auf die Methode *Agile Project Management*, kurz *AgilePM* genannt, zu konzentrieren. AgilePM gehört zum *Agile Project Framework* von Agile Business Consortium (früher DSDM Consortium). Da wir zuvor schon PRINCE2 betrachtet hatten, wählten wir nicht PRINCE2 Agile. Wir werden auch einen kurzen Blick auf Scrum werfen. Bei Scrum wird jedoch vor allem auf die Aktivitäten in einem Entwicklungsteam eingegangen, während bei AgilePM der Fokus verstärkt auf den Prozess gerichtet ist, in den sie eingebettet sind, sowie auf die Rolle des Projektmanagers. Beide Vorgehensmodelle stehen aber miteinander im Einklang und es kommen auch ähnliche Verfahren zum Einsatz.

tterstock/Gpointstudio

WELCHEN PLATZ KANN DAS PROJECT CANVAS BEI AGILEPM EINNEHMEN?

AgilePM beinhaltet ein Prozessmodell mit sechs Prozessen, die auch als Phasen bezeichnet werden: der Vorprojektphase *Pre-Project*, vier Projektphasen – *Feasibility* (Machbarkeit), *Foundations* (Grundlagen), *Evolutionary Development* (Evolutionäre Entwicklung) und *Deployment* (Inbetriebnahme) – sowie der Nachprojektphase *Post-Project*. Eine logische Einordnung des Project Canvas ist in der Phase Pre-Project möglich, da in dieser Phase die Grundlage für das Projekt gelegt wird. Die Phase endet mit den *Terms of Reference*, auf deren Grundlage die Freigabe für das Projekt und die Machbarkeitsphase erteilt wird. Diese Beschreibung der Ausgangsbasis ist grundsätzlich ein kurzes, eine oder zwei Seiten umfassendes Dokument. Das Project Canvas könnte als dieses Dokument dienen, wenn es nicht einige weitere Beschreibungen enthielte.

In der Phase *Feasibility* werden das *Feasibility Assessment* durchgeführt und ein gleichnamiges Produkt erstellt. Es ergänzt im Grunde die *Terms of Reference* um Risiken, Vorgehensweise und Ähnliches. Die behandelten Themen weisen eine starke Verwandtschaft mit den Elementen des Project Canvas auf. In der Phase *Foundations* erfolgt eine weitere Ergänzung um diverse Produkte wie *Business Case, Prioritised Requirements List* (nach Priorität geordnete Anforderungsliste), *Development Approach Definition* (Beschreibung des Entwicklungsansatzes) und Ähnliches. Sie werden in der *Foundation Summary* zusammengefasst. Je nach Detaillierungsgrad kann das Canvas auch als diese Zusammenfassung dienen.

Die gemeinsame Erstellung eines Project Canvas und der starke bildliche Charakter dieses Instruments passen gut zu den Prinzipien *Collaborate* (zusammenarbeiten) und *Communicate continuously and clearly* (kontinuierlich klar kommunizieren). Das Canvas könnte einen prominenten Platz an der Wand eines Projektarbeitsraums neben den anderen Produkten erhalten. Dann besteht immer Klarheit über den Hintergrund des Projekts. Wird beim Canvas anfangs nicht zu sehr ins Detail gegangen und findet nach jedem Inkrement eine Evaluation statt, steht es auch im Einklang mit den Prinzipien *Build incrementally from firm foundations* (von soliden Grundlagen ausgehend inkrementell aufbauen) und *Develop iteratively* (iterativ entwickeln). Aufgrund der Benennung der Aufgabe steht das Canvas außerdem im Einklang mit dem Prinzip *Focus on the business need* (Fokus auf Unternehmensbedarf richten).

WIE WERDEN DIE ELEMENTE VON PROJECT CANVAS BEI AGILEPM BEHANDELT?

WAS (HINTERGRUND, PROBLEM, ZIELE, ERGEBNIS, ABGRENZUNG)?

Im Project Canvas haben wir die Aufgabe mit den Begriffen *Hintergrund, Problem/Herausforderung, Ziele, Ergebnis* und *Abgrenzung* umrissen. AgilePM verwendet diese Begriffe mehr oder weniger ähnlich in den diversen zuvor genannten Produkten: *Terms of Reference, Feasibility Assessment* und *Foundation Summary*.

Wo wir beim Project Canvas den Begriff *Ziele* verwenden, ist bei AgilePM genau wie bei PRINCE2 von *Benefits* bzw. Nutzen die Rede. Der Nutzen taucht im *Business Case*, im *Project Review Report*, der am Ende eines Inkrements erstellt und überarbeitet wird, und im *Benefits Assessment*, das in der Post-Project-Phase gegebenenfalls mehrere Male durchgeführt wird, wieder auf.

Für das *Ergebnis*, das, was am Ende fertig ist, werden bei AgilePM die Begriffe *Result* (Ergebnis), *Product* (Produkt), *Scope* (Umfang) und *Solution* (Lösung) verwendet. Das Ergebnis wird in der Entwicklungsphase *Evolving Solution* (sich entwickelnde Lösung) genannt und in der Inbetriebnahmephase *Implemented Solution*, um anzugeben, dass sich das Ergebnis nach und nach über Teil- oder Zwischenprodukte entwickelt. Der Begriff *Abgrenzung* taucht bei AgilePM in der *Prioritised Requirements List* wieder auf. Diese Liste beinhaltet eine Abgrenzung des Projekts.

WER (AUFTRAGGEBER, INTERESSENTRÄGER, PROJEKTTEAM)?

Bei AgilePM werden für alle beteiligten Parteien eindeutig festgelegte Rollen und Zuständigkeiten definiert. Es erfolgt eine Differenzierung zwischen Projektsteuerung, *Solution Development Team* (Entwicklungsteam) und weiteren Rollen. Zusammen bilden sie die in der Beschreibung des Managementansatzes *Management Approach Definition* definierte Projektstruktur.

Der Auftraggeber wird bei AgilePM als *Business Sponsor* bezeichnet. Daneben gehören *Business Visionary, Technical Coordinator* und *Project Manager* zur Projektsteuerung. Ersterer wird dem Element *Auftraggeber* zugeordnet. *Business Visionary* und *Technical Coordinator* tauchen im Element *Interessenträger* wieder auf.

Das Projektteam wird bei AgilePM als *Solution Development Team* bezeichnet und umfasst einen unterstützenden *Team Leader* und diverse andere Rollen. Sie werden alle dem Element *Projektteam* zugeordnet. Das gilt auch für die Rollen, die keine festen Bestandteile des *Solution Development Teams* sind, z. B. *Agile-Coach* (oder Scrum Master) und *Business Advisor*.

Ein Hauptprinzip bei AgilePM lautet: *zusammenarbeiten*. Großes Augenmerk wird auf die Einbeziehung von Interessenträgern gelegt. Interessenträger beteiligen sich im *Solution Development Team*, z. B. der *Business Ambassador* (bei Scrum der Product Owner). Das bedeutet, dass beim Element *Interessenträger* vorrangig *Business Visionary* und *Technical Coordinator* genannt werden, wobei erläutert wird, welche Bereiche des Umfelds sie vertreten.

WIE (VORGEHENSWEISE, RISIKEN, ABHÄNGIGKEITEN)?

Wie bereits erwähnt, wird bei AgilePM zwischen der Pre-Project-Phase, vier Projektphasen (Feasibility, Foundations, Evolutionary Development und Deployment) und der Post-Project-Phase differenziert. Das Prozessmodell ist iterativ und inkrementell. Die Phasen *Evolutionary Development* (Evolutionäre Entwicklung) und *Deployment* (Inbetriebnahme) bilden zusammen ein Inkrement und werden je nach Projektumfang und Anzahl der zu liefernden Produkte (Teilergebnisse) einmal oder mehrmals wiederholt.

Die Hauptaspekte der Vorgehensweise für ein spezifisches Projekt werden im *Feasibility Assessment* (Phase: Feasibility) und anschließend in der *Development Approach Definition* (Phase: Foundations) weiter konkretisiert. Der Kern der Vorgehensweise kann einen Platz im Canvas erhalten, wobei beschrieben wird, wie viele Inkremente unterschieden werden, und die wichtigsten Produkte der einzelnen Inkremente, soweit überblickbar, aufgeführt werden. Dies steht im Einklang mit den Prinzipien *Build incrementally from firm foundations* und *Develop iteratively*.

Bei AgilePM wird zwischen Risiken differenziert und gleich hinzugefügt, dass nicht nur nach Bedrohungen, sondern auch Chancen Ausschau gehalten werden soll. Wenn es um *Abhängigkeiten* in Bezug auf andere Projekte geht, kommen bei Agile das *Scaled Agile Framework* und bei Scrum das *Nexus Framework* und *LeSS* (Large-Scale Scrum) zum Einsatz. Diese Modelle zielen auf die Unterstützung einer Abstimmung zwischen verschiedenen Entwicklungsteams ab. Bei AgilePM wird darauf nicht eingegangen.

WOMIT (ZEIT, FINANZEN)?

Ein Hauptunterschied zwischen einem traditionellen und einem agilen Projektansatz verbirgt sich im Controlling. Bei traditionellen Projekten werden das Ergebnis und in geringerem Maße auch die Qualität frühzeitig als Norm festgelegt und sind Zeit und Finanzen Zielvorgaben, die sich ebenfalls mehr oder weniger festlegen lassen. Bei agilen Projekten sind Qualität, Zeit und Finanzen eine nicht verhandelbare Norm und die zu liefernden Funktionen (Produkte) werden priorisiert.

Den Inhalt des Elements *Zeit* bildet eine allgemeine Beschreibung der Dauer der Inkremente und Timeboxes (auch Iterationen oder Sprints) und der für die Umsetzung benötigten Kapazität. Das steht im Einklang mit dem Prinzip: *Deliver on time* (fristgerecht liefern). Bei AgilePM wird dies im *Delivery Plan* beschrieben. Wenn das Canvas auf der Ebene einer Timebox (oder eines Sprints, das heißt spezifischer als für ein ganzes Projekt) eingesetzt wird, beinhaltet das Element Zeit weitere Einzelheiten zur Timebox. Bei AgilePM wird dies im *Timebox Plan* beschrieben.

Ebenso wie die Zeit sind die einzusetzenden finanziellen Mittel für die Dauer des agilen Projekts festgelegt. Beim Element *Finanzen* wird daher beschrieben, um welchen Betrag es sich handelt (für das Projekt oder die Timebox).

WORIN (RAHMENBEDINGUNGEN), QUALITÄT)?

Rahmenbedingungen werden bei AgilePM nicht ausführlich behandelt. Sie werden als Bestandteil der *Terms of Reference*, des *Feasibility Assessments*, des *Business Case* und (über Letzteres) der *Foundation Summary* betrachtet.

In Bezug auf *Qualität* wendet AgilePM das Prinzip *Never compromise quality* (keine Abstriche bei der Qualität) und die unterschiedlichsten Verfahren und Instrumente an, z. B. *MoSCoW*, *User Stories*, *Prioritised Requirements List* (*Product Backlog* und *Sprint Backlog* in Scrum) und *Definition of Done*.

Dass bei Agile nicht mit einem detaillierten Anforderungskatalog gearbeitet wird, sondern nach dem Motto *Enough design up front* (nicht zu viel und nicht zu wenig Zeit in die Planung investieren) passt gut zum Konzept des Canvas, das ebenfalls von Grundzügen ausgeht. Das Element *Qualität* beinhaltet Akzeptanzkriterien für das Projekt (*Definition of Done*) und die wichtigsten zum Einsatz kommenden Verfahren und Instrumente.

.

FAZIT: PROJECT CANVAS UNTERSTÜTZT DEN BILDLICHEN CHARAKTER VON AGILE UND SCRUM

In agilen Projektmanagementansätzen kann dem Project Canvas ein guter Platz eingeräumt werden. Bei AgilePM kann es zur Darstellung wichtiger Dokumente in den ersten 3 Phasen (*Terms of Reference, Feasibility Assessment und Foundation Summary*) dienen. Außerdem passt das Canvas-Design gut zur bei agilen Vorgehensmodellen gängigen Art der Visualisierung. Nicht alle Elemente werden behandelt, aber diese werden über Verfahren und Instrumente mit starker visueller Wirkung wie *Teamboard* und *Burn-Down-Chart* abgedeckt.

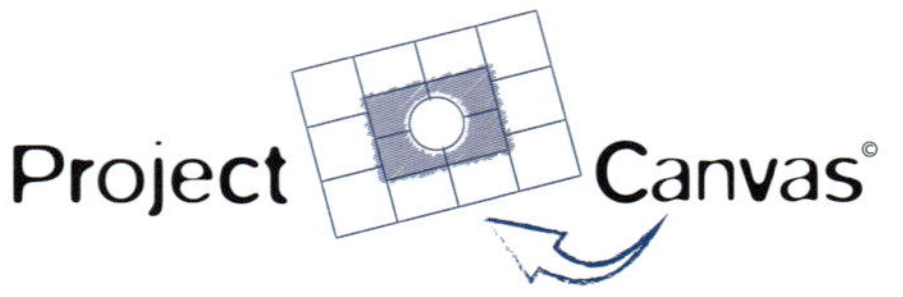

NAME:

DATE:

EXECUTIVE/PRINCIPAL/ OWNER

The person who wants the project deliverable and who makes the final decisions.

CONSTRAINTS

Fixed conditions within which the project has to be implemented.

QUALITY/REQUIREMENTS

Agreed upon requirements that must be realised.

APPROACH/STRATEGY

Type of activities the project consists of, i.e. little or much public participation, agile, build and design, internal or external personnel.

STAKEHOLDERS

Persons and organizations that bene-fiit or suffer from the project.

PROBLEM/CHALLENGE

What problem will be solved?
What challenge will be addressed?

OBJECTIVES/BENEFITS

Benefits that will be realized by the project.

DELIVERABLE/ PRODUCT

What object is produced?
What is completed at the closure of the project?

RISKS

Possible events that threaten the implementation of the project.

PROJECT TEAM

Assigned or future roles of project leader and project team. Preferred competences.

CONTEXT

Facts and figures at the start of the project. Why does the project figure in the agenda?

OUT OF SCOPE

What output will not be delivered against the expectation of the principal?

DEPENDENCIES

Other projects or initiatives in the organization that influence the project.

TIME

Required or preferred end date of project.

FINANCE

Planned financial benefits and maximum budget.

ABBILDUNG 5.3 DAS PROJECT CANVAS IN ENGLISCHER SPRACHE

Englischsprachige Fassung des Project Canvas

Zur Abstimmung auf andere Vorgehensmodelle für Projekte und zur Unterstützung international tätiger Projektmanager und Projektteams haben wir auch eine englischsprachige Fassung des Project Canvas erstellt.

ÜBER UNS ALS AUTOREN!

Rudy Kor ist Organisationsberater, Groninger, Schulungsleiter und Autor mehrerer Bücher zum Thema Management sowie Seniorpartner bei Twynstra Gudde. Als Organisationsexperte wird er hauptsächlich in Bezug auf Fragestellungen zum Start von Projekten und zum Aufbau von Projektorganisationen beauftragt. Außerdem beschäftigt er sich mit Fragen rund um die Bereiche Organisationsdesign und Management. Auch seine Bücher handeln von diesen Themen. Seine Auffassung zum (Projekt-)Management hat er im Titel seines Buchs *Managen = gewoon doen* in Worte gefasst: Managen bedeutet schlichtweg machen.

Jo Bos ist selbstständiger Organisationsentwickler. Seine Haupttätigkeiten sind auf die Professionalisierung von Projekt- und Programmmanagement (besonders in Non-Profit-Organisationen und Behörden) ausgerichtet. Er begleitet den Aufbau komplexer Projekte und Programme und daran beteiligte Teams. Er ist Mitentwickler des Projektbasierten Gestaltens (*Projectmatig Creëren*) und des Programmatischen Gestaltens (*Programmatisch Creëren*) sowie Co-Autor mehrerer Bücher zu diesen Visionen. Dazu ist er Hauptdozent an der AOG School of Management. Er glaubt, dass der Erfolg vor allem in einer auf Visionen, Engagement und Begeisterung basierenden Arbeit liegt.

Theo van der Tak ist Organisationsberater, Schulungsleiter und Autor mehrerer Bücher zum Thema Programmmanagement. Mehr als 25 Jahre war er bei Twynstra Gudde beschäftigt und ist nun selbstständig tätig. Er wird unter anderem mit Schulungen, Workshops, Coaching und Studien zu Steuerung, Aufbau und Gestaltung von Programmen beauftragt. Dabei kann es sich um politische Programme oder Veränderungsprogramme handeln. Diese Programme beinhalten häufig Projekte.

WEITERLESEN

Andresen, Judith: *Agiles Coaching. Die neue Art, Teams zum Erfolg zu führen.* München 2017: Hanser.

Bohinc, Thomas: *Führung im Projekt.* Wiesbaden 2012: Springer Gabler.

Bos, Jo, Loon, A. van, & Licht, H. *Programmatisch creëren.* Schiedam 2013: Scriptum.

Bos, Jo, Harting, E., e.a. *Projectmatig creëren* 2.0. Schiedam 2006: Scriptum.

Bos, Jo, Harting, E., & Hesselink, M. *PMC Compact - Projectmatig creëren binnen handbereik.* Schiedam 2010: Scriptum.

Eppler, Martin J./Pfister, Roland A.: *Sketching at Work. Über 40 starke Visualisierungs-Tools für Manager, Berater, Verkäufer, Trainer und Moderatoren.* 2. Aufl., Stuttgart 2017: Schäffer-Poeschel.

Eppler, Martin J./Hoffmann, Friederike/Pfister, Roland A.: Creability: *Gemeinsam kreativ – innovative Methoden für die Ideenentwicklung in Teams.* 2. Aufl., Stuttgart 2017: Schäffer-Poeschel.

Fisher, Roger., Ury, William, Patton, Bruce: *Getting to YES: negotiating agreement without giving in.* Penguin Books USA Inc. 1991.

Gehr, Simon/Huang, Joanne/Boxheimer, Michael/Armatowski, Sonja: *Systemische Werkzeuge für erfolgreiches Projektmanagement: Konzepte, Methoden Fallbeispiele.* 2018 Wiesbaden: Springer Gabler.

Gloger, Boris: *Scrum. Produkte zuverlässig und schnell entwickeln.* 5. Aufl., München 2016: Hanser.

Gloger, Boris/Rösner, Dieter: *Selbstorganisation braucht Führung. Die einfachen Geheimnisse agilen Managements.* 2. Aufl., München 2017: Hanser.

Graham, Nick: *PRINCE2 for Dummies.* Chichester, West Susssex, England 2010: John Wiley & Sons.

Hinz, Olaf: *Der Projekt-Kapitän. Mit seemännischer Gelassenheit Projekte zum Erfolg führen.* Wiesbaden 2013: Springer Gabler.

Jenewein, Wolfgang/Heidbrink, Marcus: *High-Performance-Teams. Die fünf Erfolgsprinzipien für Führung und Zusammenarbeit.* Stuttgart 2008: Schäffer-Poeschel.

Kor, Rudy: *Projectmatig werken bij de hand - Handreikingen voor de deeltijdprojectleider.* Alphen aan den Rijn 2009: Vakmedianet

Kor, Rudy: *Werken aan projecten – tien stappen naar projectsucces.* Alphen aan den Rijn 2015: Vakmedianet.

Kor, Rudy & Wijnen G. *59 checklists for Project and Programe Managers,* Aldershot 2007: Gower

Kor, Rudy: *Managen is gewoon doen – praktische ideeën voor de chef, manager en projectmanager.* Alphen aan den Rijn 2014: Vakmedianet